散歩が楽しくなる
身近な草花のふしぎ

稲垣栄洋

三笠書房

まえがき

散歩で出会う草花のふしぎ

散歩とは、いいものだ。

いつからだろう。こんな気持ちになったのは。

とにかく散歩は気持ちがいい。


ゆっくりと歩くと、見慣れた日常の中にもさまざまな発見がある。


私は植物が好きなので、草花を見ながら散歩するのが好きだ。

何気ない道ばたの草から季節を感じることがある。

街路樹を見上げてみるのもいい。木漏れ日《こもれび》がまぶしく感じられる。

どこからか、花の香りが漂《ただよ》ってくる。どこで咲いているのだろう。そんな香りをたどってみるのもいい。

季節は日々、変化していく。
晴れの日もあれば、曇りの日もある。
毎日、同じ道を歩いていても、一日として同じ風景はない。
日々、違った発見がある。
面白いなぁと感じることもたくさんある。
ふしぎだなぁと思うこともたくさんある。
そんな発見も、散歩の魅力だ。

決まったルートを散策するのも楽しいが、ときには冒険して知らない道を行くのもいい。

気がつけば、小さな草が花を咲かせている。
よく見れば、小さな虫たちが花に集まっている。
どこで鳴いているのだろう。小鳥のさえずりが聞こえる。
散歩に出かけると、私たちのまわりは、小さな命であふれていることに気がつく。
そんな小さな命たちが、私たちが住むこの世界を作っているのだ。

散歩は、私を少し詩人にさせる。

ときどきは、少し哲学者にさせることもある。

生命って何だろう？　なぜか、そんなことを考えてみたりもする。

自由に物思いにふけることができるのも、散歩の魅力だ。

あぁ、散歩とは気持ちのよいものだ。

いつからだろう。こんな気持ちになったのは。

私は散歩が大好きなのだ。

もくじ

まえがき――散歩で出会う草花のふしぎ　3

1章 なぜ、植物は日向が好きなのか

……いつだって「太陽の光」に顔を向けている

「何の目的もなく歩く」ということ　20
上に伸びていく雑草、横に伸びていく雑草　27
「わずかな土」でも生き延びるスミレの戦略　29
「パイオニア（開拓者）」と呼ばれる雑草　31
植物たちが見ている「すがすがしい風景」とは　34

2章

食べられる草、おいしそうな草のヒミツ

……散歩しながらの「大科学実験」

「ヨモギを摘んで食べる」気になれないワケ 39
野の草ならではの「野趣な味わい」 41
イネ科植物の「特殊な進化」とは 45
さっそく実験――ターゲットはハタケニラ 51

3章

春の水田にレンゲが咲くワケ

……なぜ、その植物はそこに生えているのか

水路――イネが育っていくための「生命線」 59
田んぼに咲くレンゲの「哀切ヒストリー」 67

童謡『春の小川』で歌われているのは渋谷の風景　70
絶滅が心配される「ありふれた植物」　74

4章

雑草――未だにその価値が見出されていない植物
……なぜ、フサフサ、モフモフの草があるのか

なぜ雑草は「強そうに見える」のか　80
緑色のエノコログサ、紫色のエノコログサ　81
アントシアニン――植物にとって「じつに便利な物質」　82
身近なエノコログサでさえ「わからないことだらけ」　90
イヌムギ、イヌビエ――名前に「犬」とつく植物が多いワケ　92
「蓼食う虫も好き好き」の元ネタ植物　94
葉っぱを食べる昆虫に偏食家が多い理由　96

「あなたの役に立ちたい」——あまりにけなげな花言葉 97

5章

なぜ、夏の花は朝に咲くのか

……「真っ赤に燃えた太陽」とのつきあい方

ヒルガオだって、朝から咲いている 106
ツユクサとマツヨイグサは「はかない花」なのか 108
太宰治、竹久夢二を魅了した外来植物 110
マツヨイグサが夜に咲く「合理的な理由」 112
春と夏で「開花時間が異なる」ミステリー 113

6
章

老木にはどうして風格があるのか

……植物にとって「生きている」って何だろう

「松枯れ」——その真犯人は？　120
挿し木——体の一部からクローンを作り出せるふしぎ　122
「街路樹の根元」に広がる多様な世界　125
「クスノキの大木」は何を見てきたのか　126
「切り株」を観察するとわかること　129
なぜ、木は「年輪」を刻むのか　132
どんな大木も「生きている部分」はほんのわずか　133
「死んだ細胞」に包まれている生命　136

7章 雑草が生い茂るのには理由がある
……植物と人間の「裏面史」

分類学の父・リンネの何がすごいのか 141
「交配」と「自然淘汰」 145
植物が「品種固定」される道のり 147
自然界では「絶対に生き抜けない」植物 149
なぜ雑草は「身近なところ」に生えているか 151
「他の植物が生えられない場所」を独占した雑草 152
雑草が誕生した「ダークサイドな裏面史」とは？ 153

8章

「雄しべ」と「雌しべ」の切ない話
……「命のバトン」はこうして渡されていく

キンモクセイの芳醇な香りは「オスの香り」？ 162
「多様な性」を持つイタドリのおおらかさ 167
「動けない植物」がとったふしぎな戦略 169
「自殖」で効率よく子孫を残そうとする植物 174
永遠であり続けるために生物は「死」を作り出した 177

9章

なぜ、紅葉はあれほど美しいのか
……葉っぱが赤く色づく「哀愁のメカニズム」

「赤色」は熟した果実の甘いささやき 184

なぜツバキは花びらを散らさず「花ごと落ちる」？ 188
秋になると「葉が赤く色づく」のはなぜか 191
葉っぱは「糖」の生産工場 193
秋――「光合成をすることしか知らない」葉っぱの宿命 195
「寒さに耐えるため」に作り出される紅葉 197
自然も社会も「非情」でなければ生き抜けない？ 199

10章 植物が「季節を間違えない」仕組み

……ヒガンバナがぴったりお彼岸に咲くワケ

ヒガンバナの「不吉なイメージ」の由来 204
飢饉や災害の際の「非常食」となった球根 206
「種子を作れない」のに分布が広まった謎 207
時を超えて「土地の歴史」を伝えるふしぎな花 211

植物は何を手がかりに季節を知るのか　212
「葉見ず花見ず」という別名の由来　215

11章 なぜ、すべての命に限りがあるのか

……植物は死を恐れていない？

自然界では不利な「白い個体」が珍重されてきたワケ　222
突然変異——「何が幸いするか」は環境しだい　223
花の色はなぜ「植物の種類」によって違う？　225
なぜヒトだけが死ぬのを恐れるのか　227
そして、季節と共に命は巡りゆく　232

本文イラストレーション　naohiga

1章

なぜ、植物は日向が好きなのか

……いつだって「太陽の光」に顔を向けている

犬を飼うことになった。白い小型犬である。

いや、私が飼ったのではない。

犬を飼いたいと言い出したのは、当時、小学生だった娘だ。

誰しも小さいときには犬を飼いたくなることがある。

かくいう私も小さいときに、犬が欲しいとねだったことがあった。しかし、母親に「犬は毎日、散歩しなければならないんだよ」と言われてあきらめた。毎日、散歩するのはとても無理だと思ったのである。私は身の程を知っているのだ。

娘にも同じように「毎日散歩するんだよ」と言ったが、「絶対する！　約束する！」と言い張る。

結局、娘の言葉を信じて、犬を飼うことを許したのだ。


ところが、である。

私の娘は、それから一度も犬を散歩に連れて行ったことがない。

「舌の根の乾かぬうちに」とは、まさにこのことである。

「三日坊主」であったとしても、三日くらいはやってもよさそうなものだが、一日たりともしない。

完全にだまされたのだ。


結果、散歩がイヤだからという理由で犬を飼うことに反対していたはずの私も、あろうことか散歩を受け持つことになった。

とんでもないことだ。

何しろ私は、純朴《じゅんぼく》だった少年時代に、散歩ができないから犬を飼うのをあきらめたのだ。こんなことなら、子どものときに犬を飼っておけばよかった……。

それなのに、どうして今さら犬の散歩などできるだろうか。

しかし、そんな私の言い分が聞き届けられるはずもなく、「土曜日だけ」という条件で犬の散歩を担当することになった。

「何の目的もなく歩く」ということ

私は若い頃からとにかく仕事が早かった。それが何よりの自慢だった。

「仕事が早いね」とまわりの人から言われることも多かったし、仕事が早いとほめられるのが何よりうれしかった。

よく言われることだが、仕事は優先順位をつけて、できるものからこなしていく。優先順位をつけるときには、重要なことからではなく、できることからこなしていくのがポイントだ。

たとえば、五分のすき間時間があれば、五分でできる仕事をする。

昼休みもゆっくりランチをしている余裕はない。机の上でお昼を食べながら、メールのチェックをしていく。

仕事というのは、とにかく「こなす」ものだ。

そして、与えられた仕事を次々にこなしていく。とにかく今の時代、大切なことは「スピード」だ。

通勤時間も無駄にはできない。

通勤電車の中でも、イヤホンをすれば英会話の勉強くらいはできる。

電車の座席が空《あ》いていれば、ノートパソコンを開いて仕事をする。

座席が混んでいて、パソコンを開くことができなければ、ノートを開いて、アイデアを展開させたり、やるべき仕事や解決すべき課題を図式化したりしていく。

あまりに勢いよくノートに書き込んでいくので、隣の席に座った人が何を書いているのだろうと、ノートをのぞき込んでくることがある。そのため、私は、簡単には読み取れないようなミミズがのたうち回っているような文字でノートに書き込んでいく。ときどき自分でも読めないことがあるが、アイデアが漏れないようにするためには、仕方がない。

妻は私の字を「読めない」と言うが、それはそうだろう。自分でも読めないのだ。

私がそんな暗号のような字を書くようになったのは、通勤電車の中でさえも仕事をしていたからなのだ。

こんな仕事ぶりだから、日頃の生活も効率よくこなしたくなる。

とにかく「無駄」と「非効率」であることが、大嫌いだ。

家族で買い物に行くときも、ドライブに出かけるときも、あらかじめ最短ルートを考えて、できるだけ効率よく、できれば一筆書きで回ることを心掛ける。買い物を忘れたからといって、来た道を元に戻るなど、許されないことだ。

そんな私を見て、妻はいつも「生き急いでいる」と笑っていた。

そんなことはない。人生は短い。充実した人生を過ごすためには、とにかく「効率」が必要なのだ。

それが、どうしたことだろう。

そんな私が、犬の散歩をしなければならなくなった。

何という悲劇だろう。

何しろ、散歩ほど、非効率なものはない。

どこかに行くために歩いて移動するのであれば、理解できる。しかし、散歩は何の目的もなく歩くだけである。

何という非生産的な営みなのだろう。

しかし、文句を言っても家族が相手にしてくれるはずもなく、私はイヤイヤながらも、犬の散歩に出かけることになった。

犬は、そんな私の気持ちを知ってか知らずか、ぐいぐいと私を引っ張っていく。私は、ただただ犬のお尻を見ながら、その後をついていく。

本当は、犬に引っ張られていくような「犬の散歩」は、犬のしつけにとってよくないという。

聞けば、妻と散歩に行くときは、まったく様子が違っていて、飼い主の左側を歩調を合わせて歩くらしい。

ところが、私と散歩に出るときは、狂ったようにリードを引っ張りながら、前へ前へと進んでいくのだ。

何でも犬は、群れの中の順位をつける動物だという。

群れのリーダーである妻の言うことは聞くが、私と散歩するときは自分がリーダーだと思っているのだろう。私のことなど、おかまいなしに、ぐいぐいと引っ張って、私をどこへともなく連れて行く。

別にこの犬を警察犬や盲導犬のように厳しくしつけたいわけでもないから、私も犬の進むがままに任せて散歩させていく。

そんなところを見透かされて、犬は私の言うことを聞こうともせずに、好きなように進んでいく。そして、進んだかと思ったら、急に立ち止まってみたり、気が向くと来た道を戻ってみたり、行ったり戻ったりしながら、気ままに散歩していく。

私は黙ってそれについていくのだ。

こんな調子だから、誰が見てもリーダーは犬である。

そのため、妻は十五分くらいで戻ってくる散歩コースを、私が行くと三十分は掛かる。ときには一時間以上も掛かることもある。

「どこまで行ってきたの?」と妻に聞かれるが、どこにも行っていない。その辺を歩いているだけの話だ。

私は、犬の散歩など、さっさと終わらせて戻りたいのだが、「そろそろ帰ろうよ」

「もう帰ろうよ」とぼやいても、犬はまったく言うことを聞いてくれない。

私は、ただただ犬のお尻を見ながら、引っ張られていくだけなのだ。


犬が立ち止まった。オシッコをするのだろう。

犬が用を足しているのは**オニタビラコ**だ。

しばらく歩くと、また、立ち止まった。今度は**ノボロギク**の上だ。

しばらく歩くと、今度はキランソウの傍《かたわ》らで立ち止まった。いや、キランソウにしては花の色が薄いし、茎《くき》が少し立っている感じがするから、**ジュウニキランソウ**だろうか。ちなみにジュウニキランソウというのは、雑草のキランソウと園芸種のジュウニヒトエの雑種である。

どういうわけか、犬は草を見つけるとオシッコをする。

オニタビラコ

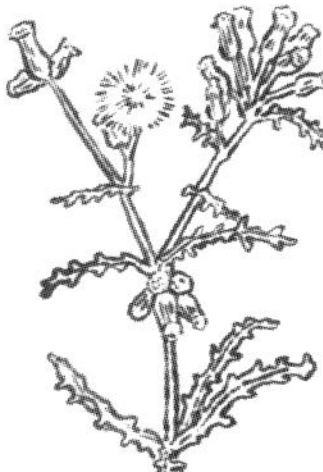
ノボロギク

ジュウニキランソウ

しばらく歩くと、犬はクンクンと**ヨモギ**の匂《にお》いを嗅《か》ぎ、草の上をくるくる回り始めた。これはウンチのサインだ。私はウンチを入れるビニール袋の用意をした。

どうもトイレとしてのお気に入りは、ヨモギと、**シナダレスズメガヤ**の若い群落のようだ。

犬が用を足す雑草の名前を私がスラスラと言えてしまうのには理由がある。

じつは、私は雑草の研究をしている「雑草学者」なのだ。

「雑草の研究なんてしてるんですか？」

自己紹介すると、露骨に変な目で見られることもあるが、雑草を研究している人は世界中に大勢いる。

何しろ農業を行なう上で、雑草をどのように防除するかは、深刻な課題である。

農業だけではない。道路や公園だって、管理するとき

には雑草が邪魔になる。雑草を研究することは、雑草を防除する上で重要なのだ。

ということで、世界中に雑草を研究している人は大勢いるし、私もそんな雑草研究者の一人だ。けっして、おかしな研究者ではないのだ。とはいえ、犬が用を足すたびに、その雑草が気になるのは、少しおかしいのかも知れない。

上に伸びていく雑草、横に伸びていく雑草

一口に雑草といっても色々な種類がある。

生《は》え方も色々だ。すくすくと上に伸びていく雑草もあれば、横に伸びていく雑草もある。道路のすき間で小さく花を咲かせている雑草もある。

乾いたところに生える雑草もあれば、湿った場所に生える雑草もある。日向《ひなた》を好む雑草もあれば、日陰を好む雑草もある。

そもそも「雑草」というのはふしぎな言葉だ。

雑草は悪者扱いされることが多いけれど、「雑」という言葉に悪い意味はない。

「雑学」「雑誌」「雑木林」のように、メインではない「その他たくさん」というニュアンスなのだ。中国雑技団は、けっして悪い技をするわけではない。たくさんの技を持っているから、雑技団なのだろう。

今風に言えば、**「雑」はダイバシティ（多様性）を表わす言葉**だと私は思う。

「雑草学者です」と自己紹介すると、色々と面倒くさいので、「植物学者です」と説明してしまうときも多い。しかし、残念ながら私は植物の中でも雑草しかわからない。特に樹木はまるでわからない。

それも仕方のないことだ。

何しろ、私は雑草を探して下ばかり見て歩いている。そのため、頭の上に枝を張っている樹木はまるでわからないのだ。同じ理由で鳥もほとんど目に入らない。

雑草と同じ位置にいる昆虫や爬虫《はちゅう》類や両生類の類《たぐ》いは、よく目にするし、よく見る種類は名前もわかるのだが、「木」と「鳥」はまるでわからない。

というわけで、私はずっと下を見て歩いている。たまには上を見て歩いた方がメンタル的にもよいのだろうが、草が気になるから仕方がない。

下ばかり見て歩いているので、今まで百二十円ほど拾ったことがある。

おそらく上ばかり見ている木や鳥の研究者よりも、百二十円は確実に私の方が得をしているのだ。

いやいや、つい考えごとをしてしまった。散歩は考えごとをするのによいと言われていて、古今東西の学者たちは散歩を好むが、私の考えごとは、せいぜいこの程度だ。

これなら、家でテレビを見ている方がずっといい。

(だから犬の散歩なんてイヤだったんだ)

気がつくと、犬がふしぎそうに私の方を見ている。とっくに用は済んだようだ。

やれやれ、ウンチの片付けをしなければならない。

「わずかな土」でも生き延びるスミレの戦略

犬のお尻を見ながら歩いていると、道路の縁石に沿って、**スミレ**が一列になって咲いているのに気がついた。

縁石の歩道側にわずかに土砂が溜まっている。スミレはこの土砂に根を張って咲いているのだ。

スミレは「野に咲く花」というイメージが強いが、道ばたなどでもよく見られる。

スミレの種子には、エライオソームという栄養豊富な物質がついていて、アリがそれをエサにするために、巣の中へ運んでいく。

そしてエライオソームを食べ終わった後で、アリはスミレの種子を巣の外へと捨てに行くのだ。このアリの行動によって、スミレの種子は遠くへ散布されていく。

しかも、アリは街中では、わずかな土のあるところに暮らしているから、スミレの種子はわずかな土があるところを選んで播《ま》いてもらうことになる。

そのため、**土の少ない街中や道ばたでもスミレは生えることができる**のだ。

そんなことは当たり前のように知っていたが、私の家のごく近所にこんなにスミレが群れて咲いているなんて知らなかった。

スミレは縁石と歩道の間に咲いている。

私は、ふだんは車に乗ることが多いので、歩道側に並んで生えているスミレに気がつかなかったのだ。

「パイオニア（開拓者）」と呼ばれる雑草

もうしばらく歩いていくと、思いがけず空き地があった。

風で種子を散布するタイプのイネ科やキク科の雑草が生えている。

どこからか、種子が風で飛んできたのだろう。新しい空き地ができたときに、最初に生えるのは、こうやって侵入してきた雑草だ。

こうして、最初に生える雑草は**「パイオニア（開拓者）」**と呼ばれている。

ということは、更地になって間もない空き地だ。

ここには、何かが建っていたはずだったが……。

あれ、ここには何があったのだろう？

車で毎日通っている道なのに、しかも私の家の近所なのに、まったく思い出せない。

人間の記憶なんて、本当にいい加減で曖昧《あいまい》なものだ。

車で移動しているだけでは、気がつかないことがある。
一目散《いちもくさん》に目的地を目指しているだけでは、見えないものがあるのだ。

犬はクンクン、クンクンとそこら中の匂いを嗅いでいる。
この行動は俗に「クン活」と呼ばれているらしい。人間が婚活や就活に勤《いそ》しむように、犬はクン活に励んでいるのだ。

犬がクン活をしている間、私は手持ち無沙汰《ぶさた》である。
あっちを見てみたり、こっちを見てみたりしながら、ふと、顔を上げてみると……。

あれ？

気づいたことがある。
空って、こんなに広かったかな？

意外と空が広いのだ。

あまり、空など気にしたことがなかったが、思っているより視野に入る空の面積が広い気がする。

穏やかな春の空だ。

遠くの方には、細い糸が集まったような形の巻雲《けんうん》が見える。

空の高いところを飛行機雲が伸びてゆくのが見える。

眼鏡をかけ直して目をこらすと、その先端に飛行機が西の空に飛んでいくのが見えた。飛行機が太陽の光を受けてキラキラと輝いているのだ。

向こうに見える山の上に、わた雲がふんわりと浮かんでいる。

大きなわた雲が、まるで大きな口を開けたワニの顔のように見える。

その前に小さな丸い雲がある。まるで小さな魚がワニから逃げているようだ。

風に乗っているのだろう。魚の雲が西から東へと流れていく。それを大きな口を開けたワニが追いかけてゆくのだ。

しばらく、その追いかけっこを眺めていたが、やがて風のいたずらか、ワニの口の形が崩れていった。その代わり、口の上の方が後ろに取り残されて、今度はプテラノドンが飛んでいくような形になった。

そういえば、子どもの頃は学校の帰り道に、友だちと空を見上げながら、みんなで雲の形を色々なものに見立てて物語を作ったものだ。

いやはや、どれだけぶりだろう。

こんなにのんびり空を見るのは、本当に久しぶりだ。

私は目を閉じてみた。

気がつけば、気持ちのよい春風が吹いている。

植物たちが見ている「すがすがしい風景」とは

目を開けると、まだ飛行機が飛んでいくのが見える。

本当に空が広い。

ゆっくりとゆっくりと、飛行機雲が西へ伸びていく。

私は、ずっとそれを眺めていた。

空はふしぎだ。

ずっと見上げていてもまるで飽きない。


犬は、そんな私の方をふしぎそうに見ている。

気がついたことがある。


それは、**私が見ている空の風景こそが、植物たちが見ている風景だ**、ということだ。

植物はみんな上を見ている。そして、**太陽の光を浴びながら生きている**のだ。

もちろん、植物の中には地べたをはって横に伸びていくような偏屈な雑草もいるが、そんな雑草もやっぱり太陽のある上を見上げている。

私たち人間は横を見て生きているから、色々なものが目に入る。

しかし、植物たちは、こんなすがすがしい風景を見て生きているのだ。


犬は、ふしぎそうに私の様子をうかがっている。

何だか、心も頭も空っぽになったように軽い。
まるで、私の体の中を透明な風が通り抜けていくようだ。

犬の散歩というのは、じつに「非効率」な作業だ。
何の生産性もない。
もし、この時間、机に向かっていたとしたら、私は相当量の仕事をこなしただろう。

しかし……。
犬と顔を見合わせながら、私は思った。
「非効率」も悪くないものだ。
そして、犬の顔を見ながら思った。
たまには、空でも眺めていようか。

2章

食べられる草、おいしそうな草のヒミツ

……散歩しながらの「大科学実験」

ほら、そんなところにオシッコをしてはダメでしょ。


ボーッとしていると、犬はどこにでもオシッコをしてしまう。

しかし、住宅地なので、他人の家の前でオシッコをしたら、怒られそうだ。

私は住宅地を避けて、土手の上の道に上がってみた。

ここならば、どこにオシッコをしても大丈夫そうだ。


この土手の上の道は、最近、改修したばかりで、まだ草が生えきらずに土が露出している。

土手の上だから、どこにオシッコをしてもよさそうなものだが、犬はどういうわけか、草が生えたところにしか、オシッコをしない。

私はお散歩バッグの中に水の入ったペットボトルを持たされていて、犬がオシッコをする後ろから、水を掛けていくのだ。

「ヨモギを摘んで食べる」気になれないワケ

道の傍らに、やわらかそうな葉っぱを芽吹かせているヨモギの株があった。犬は、そのヨモギの上でくるくると回ると、お尻を落として排泄《はいせつ》を始めた。犬はウンチをする場所を見つけると、くるくるとその場で回る。犬の行動はまったく意味不明である。

排泄する場所を踏み固めて整える意味合いでもあるのだろうか？もっとも、犬がくるくると回り始めると、私としてはウンチを片付けるウンチバッグを準備する時間ができる。

やわらかい葉っぱが生えている場所は、わが家の犬のお気に入りの場所である。別に便座のようにそこに腰を下ろすわけでもないし、葉っぱでお尻を拭《ふ》くわけでもないから、葉っぱがやわらかい必要はなさそうに思えるが、なぜか葉っぱのやわらかそうなところを選んで排泄をする。

雑草を専門に研究している私は、よく、「食べられる雑草を教えてください」と聞かれることがある。

テレビ番組で「雑草を食べる」という企画の相談を受けることがある。

しかし、私は「雑草を食べる」ことをあまりお勧めしていない。

それは、そうだろう。

おいしそうなヨモギの葉っぱの上で、犬が気持ちよさそうに用を足している。

こんな風景を見ていれば、とてもヨモギを摘《つ》む気にはなれない。

もちろん、雑草を食べることに、まったく反対しているわけではない。

たとえば、家の庭に生えている雑草など、素性のわかっているものは安心だ。

野の草ならではの「野趣な味わい」

人間が改良を続けてきた野菜は、おいしいに決まっている。

しかし、野の草は、野菜にはない野趣《やしゅ》な味わいがある。

「雑草を食べることに興味はない」とエラそうに言っているが、かくいう私も若いときにはご多分に漏れず、面白がって雑草を食べていた。

学生のときは、研究室の仲間と、交代で雑草料理を作っていた。

食べられる雑草だけでなく、食べられなさそうな雑草も料理していたから、私は「おいしい雑草」だけではなく、「まずい雑草」も知っている。

若いときには、調子に乗って「春の七草を食べる会」というのを催したことがある。

春の七草といえば、「せり、なずな、ごぎょう、はこべら、ほとけのざ、すずな、すずしろ、これぞ七草」の歌が有名である。

すずなと、すずしろは、それぞれカブとダイコンだが、残りの五つは、春の田んぼ

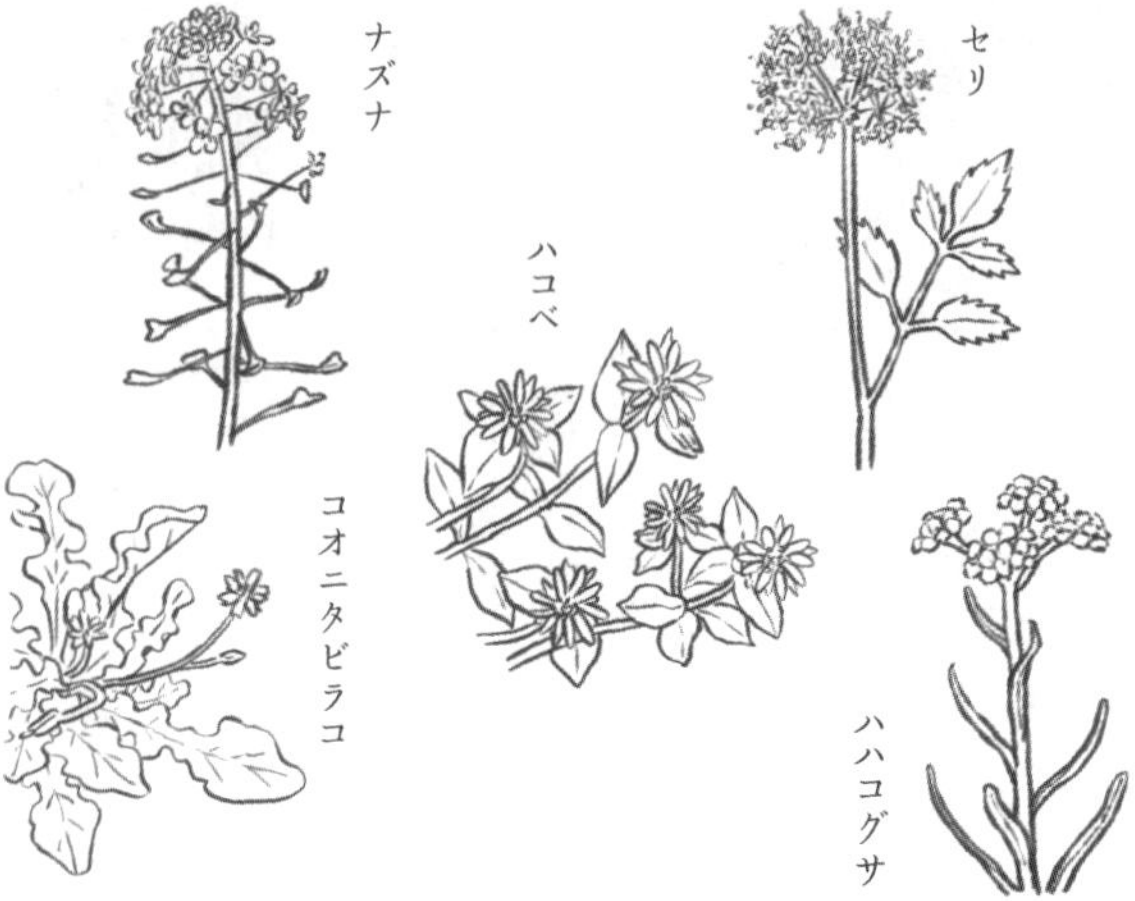

に生える雑草だ。

この五種は、図鑑の名前では、**「セリ、ナズナ、ハハコグサ、ハコベ、コオニタビラコ」**となる。

会に参加してくれた大人たちは図鑑を見ながら、七草を摘んできた。

しかし、気づいたことがある。

「食べられる」と「おいしい」は別だということだ。

「図鑑だけ」では見つけられないおいしそうな雑草

大人たちは、図鑑を見ながら「食べられ

る雑草」を探して摘んでいく。

しかし、どうだろう。大人たちが摘んできたハハコグサやナズナはもう花を咲かせている。

これは野菜で言えば、薹《とう》が立った状態だ。もしホウレンソウやコマツナが花を咲かせていたら、もう葉っぱが固くてとても食べることができない。

やっと見つけてきたのだろうか。中には、日の当たらないところでひょろひょろと伸びきったナズナがある。どこでとってきたのか、埃《ほこり》まみれになっているハコベもある。

私はそれを見て大人たちに尋ねた。

「これ、本当に食べたいですか？」

食用にするには、まだやわらかい若い菜っ葉を摘まなければならない。

大人たちがとってきた七草は、確かに「食べられる雑草」と図鑑に書かれている。

しかし、これでは、おいしい七草がゆを作ることができない。

ところが、である。思いがけず、おいしそうな七草が集まった。

親子で参加してくれた小さな子どもたちには、「おいしそうな雑草をとってきて」とだけ言って、ざるを渡しておいたのである。もちろん、子どもたちをアテにしていたわけではなく、時間つぶしに草を摘んでもらえればよいと思っただけのことだ。

それなのに、驚くことに、子どもたちは、ちゃんと食べられるような雑草を摘んできた。

しかも、それはどれもやわらかくて、おいしそうである。

おいしく食べられる雑草を摘んできたのは、大人ではなく、植物の名前を知らない子どもたちの方だったのである。

もちろん、中には春の七草でないものも混じっている。

たとえば、ナズナによく似た雑草に**スカシタゴボウ**がある。ナズナは花が白いのに対して、スカシタゴボウは花が黄色いから、花を見ればまったく違う。しかし、子どもたちはスカシタゴボウの花が咲く前の若い葉っぱをとってきたから、ナズナとよく似ているのだ。

スカシタゴボウは厳密に言えば、春の七草ではないが、いかにもおいしくなさそうな七草よりも、おいしそうな雑草の方がずっとよい。

そもそも、もともとは春の七草は、七種が決まっていたわけではなく、地域によってさまざまだった。ある地域ではスカシタゴボウを食べていたと聞くから、けっして「ナズナでないから間違いだ」ということにはならない。

イネ科植物の「特殊な進化」とは

ふしぎなことに、わが家の犬も散歩中にときどき草を食べる。

犬は嗅覚《きゅうかく》が発達しているから、それがオシッコを掛けられていない草であることは、すぐにわかるのだろう。

わが家の犬が大好きなのは、土手への上り口に生えている**セイヨウアブラナ**だ。

アブラナ科の植物は、アリルイソチオシアネートという辛味成分を持っている。

食べても大丈夫なのだろうか？

スマホで調べてみると、キャベツは犬が食べてもよい野菜であると説明されていた。

キャベツも辛味成分であるアリルイソチオシアネートを含んでいるから、セイヨウアブラナを食べても大丈夫なのだろう。
犬は、背の低いセイヨウアブラナの茎を、
パクパクと上からくわえて食べていく。
　食べているというよりは、遊んでいるようだ。

　ふしぎなことに、**メヒシバ**のやわらかい葉っぱも食べる。

　じつにふしぎである。何しろメヒシバはイネ科の植物なのだ。

　イネ科の植物は、草原地帯で進化をしたと考えられている。

　草原地帯では、さまざまな草食動物がイネ科植物をエサにしようとする。

スカシタゴボウ

セイヨウアブラナ

メヒシバ

そこで、イネ科植物は草食動物に食べられないように、さまざまな工夫を発達させている。

たとえば、イネ科植物は成長点が地面の際《きわ》にあって、地際から葉っぱを押し上げる。葉っぱは先端しか食べられないため、成長点は守られる。

また、茎や葉っぱが固いのも、食べられないための工夫である。イネ科は土壌中に含まれるケイ酸を吸収して、茎や葉っぱを固く武装する。

ほとんどの野の草は天ぷらにすれば食べられるが、イネ科の植物は天ぷらにしても、煮ても焼いても食べられない。

もっとも草食動物の方も、イネ科植物を食べるしかないから、固い葉をすりつぶす歯を発達させた。このように特殊な進化を遂げた草食動物だけがイネ科植物をエサとして食べることができる。

つまり、イネ科植物の固い葉っぱは、動物のエサとしては不向きなのだ。

それなのに、わが家の犬は、他のイネ科は食べないが、メヒシバのやわらかそうな葉っぱは食べる。

本当にふしぎである。

ただ、実際には、犬には草を食べさせない方がいいらしい。

確かに、犬はもともと肉食だから、犬の内臓は植物を消化する構造になっていない。

あるいは、犬には有毒な植物もある。

たとえば、タマネギやブドウは、人間はおいしく食べることができるが、犬には有毒である。

植物を食べる動物は、植物の持つさまざまな成分を無毒化させるような体の仕組みを発達させてきた。

しかし、犬はもともと肉食である。そのため、植物が持つ成分を無毒化させることができないのだ。

「穀物のデンプン」を分解する酵素をもつ動物

オオカミを祖先に持つ犬は、もともと肉食の動物である。

ただし、ドッグフードの充実していなかった昔は、飼い犬は人間の残飯を食べていた。

米は植物である。

そんなものを食べていて大丈夫だったのだろうか。

オオカミは肉食だが、人間に飼われるようになった犬は、人間と食べ物を共にすることが多かった。

人間と犬が協力して狩りをしていた時代は、犬は分け前として肉をもらっていたことだろう。しかし、狩猟採集をしていた人類は、やがて農耕を行なうようになり、イネやムギを栽培して食糧を得るようになる。そして、人間とパートナー関係にあった犬も、人間と食べ物を同じくするようになった。

そのため、**飼い犬には、オオカミにはない穀物のデンプンを分解する酵素がある**という。人間と共に暮らすため、穀物を食べられるように進化をしたというのだ。

しかし現代では、人間の食べるものは犬には害のあるものも多いので、やはりドッグフードを与える方がよいらしい。

そういえば、人間の残飯を豚に与えると豚が病気になるから、残飯を与えてはいけないと聞いたことがある。私たちは豚が食べられないようなものを食べさせられているのだ。

犬のオシッコは「雑草の肥料」になる？

それにしても……、犬は何度も何度もオシッコをしていく。

よくもまぁ、こんなにオシッコが出るものだ。

犬がオシッコをする行為はマーキングと呼ばれている。

野生動物の中には、マーキングでなわばりを主張するものも多いが、人間に飼われている犬にとっては、マーキングは他の犬との情報交換の役割があるらしい。

犬は電柱があれば電柱にマーキングするし、電柱がないようなところでは、草があるところを選んでオシッコをしていく。

それにしても、毎度毎度オシッコを掛けられている草の方も大変だ。

ふと、疑問に思ったことがある。


犬のオシッコは、植物にとってどのような影響があるのだろう？

枯れてしまうのだろうか。

しかし、昔は糞尿《ふんにょう》は肥料にも使われた。

犬のオシッコは、植物にとってマイナスなのだろうか？

さっそく実験――ターゲットはハタケニラ

さっそく、実験をしてみることにした。

選んだのは、公園の横の道に生えている**ハタケニラ**である。

犬のオシッコは最初の一回にたくさん出る。

散歩の帰り道は、オシッコをするポーズはするが、もはや膀胱《ぼうこう》が空っぽらしく、何も出ていない。まったくのカラ打ちである。

ハタケニラ

そこで、公園までリードを引っ張っていって、最初の一回をターゲットとなるハタケニラの株に掛けるように決めたのである。

散歩するたびに決まった草にオシッコを掛けていく。

犬がオシッコをしたら、水を掛けるのがマナーだが、犬がオシッコをしてもそれを洗い流さずにそのままにしておく。少しかわいそうだが、これも実験のためだ。

犬は、他の犬がオシッコをしたのと同じ場所に、上書きするようにオシッコを掛けていく性質があるから、おそらくこの草は、何度も何度もオシッコを掛けられることになる。

さて、このオシッコを掛けられた草はどうなっただろうか。

すぐに枯れてしまうかとも思ったが、そんなことはなかった。

意外なことに草は元気である。

もっとも、私が散歩をするのは週に一日のことだから、そこまで頻繁《ひんぱん》にオシッコを掛けたわけではない。

オシッコの成分はアンモニアだと思われている。

ただし、厳密に言うと、少しだけ違う。

アンモニアは生物の体を構成しているたんぱく質が分解してできる老廃物である。

魚類や両生類は、このアンモニアをそのまま尿として体外に排出する。

アンモニアは水溶性なので、水に溶けてしまうのだ。

ところが、陸上で生活をする進化を遂げた爬虫類や哺乳《ほにゅう》類のような生物は、ずっと尿を垂れ流しているわけにもいかない。そのため、一定期間、体内にとどめておかなければならないのだ。


ところが、問題がある。

じつは、アンモニアは非常に毒性が高いから、体内にとどめておくと危険なのである。そこで、爬虫類や哺乳類は、アンモニアを毒性の低い「尿素」の形に変えて、体内にたくわえる。そのため、**オシッコの主な成分はアンモニアではなく、尿素**なのだ。

尿素は植物の肥料にも用いられる物質だ。

もちろん、理屈ではそうだが、オシッコを掛けられたハタケニラがどうなるのか、やってみないとわからない。

実験に協力して、オシッコを掛けられ続けたハタケニラは、無事にきれいな白い花を咲かせた。

私は空を見た。

(よかった、本当によかった)

犬は、そんな私の方をふしぎそうに見ている。

きっと「お前が言うな！」とでも思っているのだろう。

3
章

春の水田にレンゲが咲くワケ

……なぜ、その植物はそこに生えているのか犬の散歩は、少しは運動になるかと思ったが、それは思い違いだった。

電柱はおよそ三十メートルごとに立っている。

つまり、わが家からあの曲がり角までは九十メートルあるということになる。

オリンピック選手であれば、十秒も掛からない距離だろう。

人は歩く速度がおよそ時速四キロメートルだから、計算すると……、あの角まではおよそ一分二十秒ほどで歩けることになる。

ところが、犬といっしょだと十分も、下手をすると十五分も掛かる。

何しろ、犬は電柱ごとに、クンクンと匂いを嗅いでいく。

おそらくは他の犬のマーキングを確認しているのだろう。そして、さんざんクンクンした後で、他の犬に上書きをするようにこまめにオシッコをしていくのだ。

犬は電柱にオシッコをする。

どうして、犬は電柱にオシッコをするのだろう。

最近では、街の景観をよくするために、電線を地中に埋設して、電柱をなくす無電柱化も行なわれている。

これは、犬たちにとっては、大変な問題だろう。

そういえば、海外に出かけると、日本のように電柱は見かけない。

海外では、電線の地中化が進んでいるのだ。

欧米では、相当な郊外に行かなければ電柱を見ることはないし、韓国や中国などのアジアでも都市部では電柱はあまり見ない。

以前、海外から来日した研究者を案内したときに、一番喜んで写真を撮っていたのは電柱だった。住宅地に並ぶ電柱を見て「『ドラえもん』で見たことがある」と喜んでいたのだ。

富士山や東京タワーなどの写真を撮ろうとすると、電柱が邪魔をするから、けっして景観的に優れているとは言えないのだろうが、電柱のある風景は、もはや日本らしい風景の一つになってしまっているのかも知れない。

犬は一つひとつの電柱を丹念にチェックしていく。

犬が電柱にオシッコをするまでの間、私は電柱を見上げてみる。

電柱には番号札がつけられているが、その札には、古い地名が記されていることがある。

「〇〇村」とか、「〇〇山」と書かれた札は、その土地の歴史をよく表わしている。

「あぁ、ここが村の中心地だったのか」とか「ここは昔、河原だったのか」とか、昔の風景に思いを馳《は》せることができるのだ。


「新川」という表記を見つけた。

今ではまったく面影がないが、この近くに川が流れていたのだろうか。

新川とは言うが、きっとその川は古くからあるのだろう。

何しろ、私の街には徳川家康が新しく作ったことから、「新通り」と呼ばれている道がある。

新しい川とは言っても、おそらくは新川も古い時代に作られた川なのだろう。

水路——イネが育っていくための「生命線」

最近、**暗渠**《あんきょ》をたどっていくのが静かなブームを迎えているらしい。

暗渠というのは、ふたをしたり、地中化したりしていて、**地上からは見えない水路**のことを言う。一方、地上から見える水路は明渠《めいきょ》とか開渠《かいきょ》と言う。

水路と呼ばれる小川は、川というよりは、今で言う上下水道のようなものである。

水道のなかった昔は、あちらこちらに農業用水路や生活用水路が張り巡らされていた。

「暗渠」という言葉は知らなかったが、私は子どもの頃から暗渠をたどるのを楽しんでいた。

私の生まれ育った地域は、田んぼだったところを埋め立てて住宅地を開発していった場所である。昔は、一面に田んぼが広がっていたことだろう。

言ってみれば、かつては何もない農村地帯だったのである。

しかし、である。

何もないと言っても、田んぼはある。

考えてみると、田んぼが一面に広がっているというのは、すごいことである。

田んぼでイネを育てるためには、川から水を引き入れなければならない。

あるいは、川のないところでは、地面を掘ってため池を作る。

機械のなかった昔は、これは大工事である。

そして、水は高いところから低いところへしか流れない。

高低差だけを利用して、すべての水田に水を届けなければならないのだ。

これは相当、すごいことである。

すべての水田に水を流すために、まるで体の隅々に酸素を届ける血管のように、一面に用水路が張り巡らされていたのだ。

そんな水田地帯に作られた住宅地が広がる私の小学校区では、暗渠が張り巡らされていた。

道の横を通っていた小川はふたをされて歩道が作られる。あるいは、住宅と住宅に挟まれた小川の跡は車が通らない路地となる。そのため、子どもたちが歩く通学路は、暗渠が利用されている道も多かった。

もっとも、私が子どもの頃は、住宅と田んぼが混在しているような状態だったから、暗渠といっても、用水路の上にコンクリートブロックや金網のふた（グレーチング）を置いただけの簡単なものが多かった。

金網の上を歩けば、ガチャガチャと音が鳴るし、コンクリートのふたの上を歩けば、しっかりはまっていないところが、ボコボコと音を立てる。

私たちは、そんな暗渠を線路に見立てて、電車のように一列に並んで通学路を歩いていった。つまりは暗渠をたどっていたのである。

その「水の流れ」はどこから引き入れているのか

犬の散歩をしていると、用水路と用水路の合流する場所が一部だけ開けて、明渠になっている。

のぞき込んでみると、溝の中にクレソンが生えているのが見える。クレソンは水中や湿地に生えるアブラナ科の植物だ。

今では田んぼはほとんどなくなってしまったが、住宅地の中に田んぼも残されている。そのため、田植えの時期になると、田んぼに水を届けるために水量が増加する。

その場所は、小さな水路から、大きな水路に水が合流するようになっていて、まるで滝のように勢いよく水が流れ落ちる。

わが家の犬はそれを見るのが大好きらしく、ずっと水が落ちるのを見ている。

(まさか、マイナスイオンとか感じちゃっているのだろうか)

いつまでもいつまでも、水を見ている。よく飽きないものだ。

田植えの時期になると水量が増えるのには、理由がある。

用水路の水は自然に流れているわけではない。水利権という、水を利用する権利があり、水利組合という水を管理する組織がある。

田植えをするときには、田んぼに水を入れるから大量の水が必要になる。そのため、水門を開けて、河川から用水路へと水を引き入れるのだ。

では、この用水路の水はどこから流れてくるのだろう。

この近くには大きな河川が流れているが、おそらくこの用水路は、その川ではなく、かなり遠くから水を引いている。

それには理由がある。

この近くの河川は低いところを流れている。

そのため、河川の水を利用しようとすれば、水をくみ上げなければならないのだ。

現代であればポンプを使えばいいだけの話だが、ポンプがない昔にそれは難しい。

それでは、どうすればいいだろう。

水は高いところから、低いところにしか流れない。そこで、この土地よりも標高の高い河川の上流から水を引き込む。そして、高低差を利用してゆるやかに水を流してくるのだ。

そのため、**用水路の水は、ずっと遠くの上流から引き入れる必要がある**のである。

かつては「小川」だった「小道」をたどっていくと――

犬はずっと明渠の水の流れを見つめている。

ふと……、この水はどこへ流れていくのだろう、と川の流れをたどりたくなってきた。

思いついたら、いても立ってもいられない。

私はすぐにリードを引っ張ると、犬を急がせた。

明渠になっている先はすぐに道路の下に潜《もぐ》り込んだ。しかし、マンホールがあるので、その下を水が流れていることがわかる。ところどころグレーチングという編み目の構造になっていて、道路の下から水の音が聞こえる。

その先は大きな道路にぶつかった。

道路の向こう側に渡ってみると、その向こうの歩道の下が暗渠になっていた。

そこから先は、暗渠は道路の歩道になっている。

私は犬と歩道を進んでいった。

ところどころ、グレーチングになっているが、犬は金網の上を通るのを怖がるので、グレーチングは避けながら歩いていく。

暗渠は大通りから小さな道の方に分かれていった。

なるほど、その小道は、かつては小川だったのだ。


暗渠はどんどん進んでいく。

私は少し不安になった。

この先は高台になっているが、暗渠はまっすぐ高台の方に向かって流れていく。水は上から下にしか流れない。この高台を越えることができるのだろうか。

するとどうだろう。

歩道の横の草むらの向こうで何やら水の音がする。

近づいてみると、フェンスに囲まれていてよくは見えないが、どうやら、そこから先はトンネルになっているようだ。

「田んぼがたくさんあるところ」は「何もない」？

水は高いところから低いところにしか流れない。

しかし、江戸時代後期から明治時代になると土木技術が発達し、それまで不可能だった場所にも水が引かれるようになった。

「トンネル」も、その技術の一つである。

あるいは、水路橋《すいろきょう》のように、用水路の水が川を越える技術も開発された。あるいは、逆サイフォンという技術を使って、低いところから高いところへも水を運ぶことができるようになったのである。

こうした技術によって、水は田んぼに運ばれていく。

田んぼがたくさんあるところは、「何もない」と表現されることが多いけれど、じつは、**田んぼがそこにあるというのは、相当すごいこと**なのだ。

トンネルの出口の方に回り込んでみると、水路は、再び、進んでいった。

やがて暗渠のある道は、何度か細い分かれ道になって進んでいく。おそらく、このあたりの田んぼに水を分けていたのだろう。そして、この小道のすべてが田んぼの脇を通っていた小川だったのだ。

田んぼに咲くレンゲの「哀切ヒストリー」

犬は、いつもと違う冒険に満ちた散歩道に、心なしかはしゃいでいるようだ。

息も荒くリードを引っ張っていく。

やがて、用水路の流れは、突然、明渠となって、小さな川が現われた。

見つけたのは、水生雑草の**ジュズダマ**の群生だ。

ジュズダマは「数珠玉」である。その名

ジュズダマ

のとおり、実に穴が空いていて、糸を通すと首飾りや数珠を作ることができる。最近では見かけることも少なくなっていたが、こんなところに生えていたとは……。

そして、用水路が流れていく先を見て、驚いた。

遠くの方に、住宅に囲まれて、小さな田んぼがあるのだ。

こんなところに、田んぼがあるなんて……。

私は犬を連れて、田んぼに近づいてみた。


その田んぼの片隅に**レンゲ**の花が咲いていた。

もう春も終わりなので、ところどころ、黒いサヤをつけている。

その昔は、**田んぼ一面に咲くレンゲは、春の風物詩**だった。


レンゲはマメ科の植物である。レンゲは根っこに根粒菌《こんりゅうきん》というバクテリアを共生させていて、空気中の窒素を栄養分として取り込むことができる。

そのため、土の中に窒素がないやせた土地でも生えることができるのだ。

こうして大きくなったレンゲを土の中にすき込むと、レンゲが分解されて土の中の

レンゲ

窒素分が増える。そして、土が豊かになるのだ。

化学肥料のなかった昔は、イネの肥料にするために、田んぼにレンゲのタネを播いた。

春の田んぼのレンゲは勝手に生えているわけではなく、農家の人たちがタネを播いて育てていたのである。


しかし、今では化学肥料がある。

化学肥料は速効性があるから、効かせたいときに効果的に効かせることができ、肥料を播く量を調整できる。

一方、レンゲが分解されて出てくる肥料など、いつ効いているのかわからないから、計算が狂ってしまう。そのため、レンゲは不要どころか邪魔になる存在として、いつしか田んぼの風景から消え去ってしまった。

田んぼの隅に生えているレンゲは、遠い昔にタネを播かれたレンゲだろう。そして、昔から人知れず細々と世代をつないできたのである。

たった一株だけ咲いているレンゲ。しかし、昔はこのあたり一面がレンゲの花で埋め尽くされていたのだろう。

私は空を見上げた。

ゆっくりと雲が流れていく。

童謡『春の小川』で歌われているのは渋谷の風景

今は暗渠として閉ざされてしまった用水路は、昔は小川だった。

田んぼを潤しながら流れていく小川は、大きな河川に比べればずっと流れがゆるやかである。そんな小川には、メダカやドジョウなどが棲《す》み着いた。

メダカやドジョウは、流れの急な河川には棲むことができない。春の小川が暗渠となり失われていく中で、メダカやドジョウたちも姿を消していった。今や、メダカやドジョウは絶滅が心配される「絶滅危惧《きぐ》種」である。

春の小川は　さらさらいくよ
岸のすみれや　れんげの花に
すがたやさしく　色うつくしく
咲けよ咲けよと　ささやきながら

春の小川は　さらさらいくよ
蝦《えび》やめだかや　小鮒《こぶな》の群に
今日も一日　ひなたで泳ぎ
遊べ遊べと　ささやきながら

童謡、『春の小川』で歌われているのは、東京の渋谷を流れる宇田川《うだがわ》の支流である河骨川《こうほねがわ》であると言われている。

この歌詞が東京の風景とは、驚きである。

今の暗渠となってしまった宇田川は、宇田川町《うだがわちょう》の地名として残されているが、現在の渋谷のもっともにぎわっているところを流れている。あんな繁華街に、昔はレンゲが咲くような田園風景が広がっていたのである。

『春の小川』と「忠犬ハチ公」のふしぎな縁

私が若いときの話だが、東京で暮らしていた頃に、渋谷の街で暗渠を散策したことがある。

渋谷は、その名のとおり、谷の地形である。

渋谷の地名の由来は諸説あるが、一説には「しぼんだ谷あい」に由来すると言われている。確かに渋谷は谷間にあり、渋谷駅からどちらの方向へ向かっても坂道を登ることになる。

『春の小川』の作詞者である高野辰之《たかのたつゆき》は、東京都渋谷区代々木に住んでいた。そして代々木から渋谷へと流れる小川の岸を歩きながら、この春の小川の詞を作ったと言われているのである。

川は今では暗渠となっているが、暗渠は道路となっており、道路わきの電柱には「春の小川　この通り」と表示されているので、それをたどって春の小川を歩くことができる。

河骨川の流れは、やがて宇田川と合流する。もちろん、宇田川も暗渠となっていて、その上は宇田川遊歩道となっている。そして、宇田川の流れは渋谷の街へと流れ込んでいるのである。

この春の小川もまた、農業用水として引かれたものである。

宇田川の流れついた渋谷には、「忠犬ハチ公」の銅像がある。このハチ公は、東京帝国大学農学部の上野英三郎《うえのひでざぶろう》教授の飼い犬である。いつも飼い主を渋谷駅まで送り迎えしていたが、飼い主が急死した後も、毎日、渋谷駅の前で飼い主の帰りを待ち続けた忠犬である。

そして、ハチ公の飼い主である上野先生こそが、日本における農業土木学の創始者であり、つまりは田畑に水を引くための河川改修の専門家だったのだ。

春の小川の流れ着いた先に、ハチ公がいるというのも何ともふしぎな縁を感じる。

絶滅が心配される「ありふれた植物」

それにしても「河骨川」とはふしぎな名前である。何しろ「河の骨」なのだ。

じつは「河骨」というのは、小川に生える植物の名前である。太くて白い根茎《こんけい》が骨に見えることからコウホネと呼ばれているのだ。

河骨川の名のとおり、おそらくこの川には、たくさんのコウホネの花が咲いていたのだろう。そんなありふれたコウホネも、今では見ることは難しい。

渋谷に限った話ではない。

今や、日本全国で絶滅が心配されるまでに減ってしまっているのである。

童謡で歌われたのどかな春の小川の風景は、今では遠い過去のものになりつつある。

岸に野の花が咲き、小魚が泳ぐような小川は、すっかりなくなってしまった。

それどころか、川の流れは、アスファルトとコンクリートで固められた地面の下を人知れず流れている。

住宅地に囲まれた小さな田んぼの中を、白いサギがエサを探しながら歩き回っている。


私は空を見上げた。

春の日差しが降り注いでいる。

雲がゆっくりと流れていく。

おそらくは、昔と何も変わらない春の空だ。

きっと、このあたりは田んぼが広がっていたのだろう。

春の小川が流れ、魚の群れが泳いでいた。
そして、子どもたちは、花を摘んだり、魚を獲《と》ったりして遊んだことだろう。
知らない間に、失われていくものもあるのだ。

パクッと犬が何かを食べた。
「コラッ！　貴重なレンゲの花を食べちゃダメでしょ！」

4章

雑草——未だにその価値が見出されていない植物

……なぜ、フサフサ、モフモフの草があるのか私は植物学者である。

「先生は、散歩しているときに、どんなところを見ているんですか？」と聞かれることがある。

それは決まっている。

散歩をするとき、私がいつも見ているところ……。

それは、犬のお尻である。

わが家の犬はどんどん先を歩いて、ぐいぐいと私を引っ張っていく。

私は犬のお尻を見ながら、その後を追いかけていくのだ。

最近では、犬のしっぽは短く切って「断尾」してしまうことも多いらしいが、わが家の犬はそのままなので、フサフサとしたしっぽを振りながら歩いて行く。

私は、そのしっぽを振るお尻を見ながら歩いていくのだ。

そういえば、フサフサした感じが「犬のしっぽ」のようなので、**「狗尾草」**と書く雑草がある。「狗」は犬という意味だ。


さて「狗尾草」は何と読むのだろう？


答えは、**エノコログサ**である。

もちろん、まったくの当て字である。

エノコログサは漢名で「狗尾草」と記されていた。それが、そのままエノコログサの漢字表記となったのである。

ちなみに「エノコログサ」という名前は「犬ころ草」に由来している。

フサフサした穂が、犬のしっぽに似ていることから、「犬ころ草」と呼ばれていたものが、転じて「エノコログサ」と呼ばれるようになったのだ。

英語では、エノコログサはフォックステイルという。これは「キツネのしっぽ」という意味だ。

なぜ雑草は「強そうに見える」のか

エノコログサは、どこにでも生えているように思えるが、意外と生えている場所は限られている。道ばたや、砂利の空き地のようなところに多いようだ。

そもそも雑草と呼ばれる植物は、どこにでも生えるわけではない。種類によって生える場所はおおよそ決まっている。

たとえば、よく踏まれる場所では、踏まれることに強い雑草が生える。また、草刈りをする場所では草刈りに強い雑草が生える。

そして、草むしりをする場所では、草むしりに強い雑草が生える。

雑草は、自分の得意なところに生えている。だから、雑草は強そうに見えるのだ。

「強そうに見える」という言い方をするのは、雑草が本当は弱い植物だからである。

植物学の教科書には、「雑草は弱い」と書かれている。

これは**競争に弱い**という意味だ。

植物の世界は激しい競争が繰り広げられている。雑草は、他の植物との競争に弱い。

「家の花だんでは、雑草は十分、競争に強い」と反論される方もいるだろう。

確かに、人間が水をやらなければ枯れてしまうような花だんの草花に比べれば、雑草の方が強いだろう。

しかし、自然界は群雄割拠の猛者《もさ》たちが激しい競争を繰り広げている。そのため、野生の植物が競争を繰り広げる森のような環境では、雑草は生えることができないのだ。

緑色のエノコログサ、紫色のエノコログサ

バス停の横に**ムラサキエノコログサ**を見つけた。

ふつうのエノコログサは穂が緑色をしているが、ムラサキエノコログサは穂が鮮やかな紫色をしていることから、そう名付けられている。

ムラサキエノコログサは、エノコログサの変種であると言われている。変種ということは、植物の種類としてはエノコログサであるが、その中にそういうタイプが存在

するという意味である。

たとえば葉を薬味に使うシソは、エノコログサとは逆で、赤紫色の葉をした赤紫蘇が本来の姿である。これに対して、緑色をした青紫蘇は、シソの変種である。

この赤紫蘇の赤紫色の色素は、アントシアニンと呼ばれる物質である。


それにしても……、私は思った。

どうして、ムラサキエノコログサは紫色をしているのだろう?

アントシアニン——植物にとって「じつに便利な物質」

植物にとって、「アントシアニン」は、じつに便利な物質である。

ひと言で言うと、コスパのよい物質だ。

何しろ、植物が光合成で作り出す「糖」から、簡単に作ることができる。

それなのに、じつにさまざまな機能を持っている。

とにかく、「これさえ持っていれば、何とかなる」。アントシアニンは、そんな便利な物質だ。

アントシアニンの大きな役割の一つに**「植物をストレスから守る」**ということがある。

ストレスを持つのは、私たち人間だけではない。植物にも、心地よい生存を妨げるストレスがある。

たとえば、水がない乾燥状態は植物にとって、ストレスである。

そんなとき、アントシアニンは浸透圧を高めて水分を保持する。

あるいは、寒さから身を守る効果もある。アントシアニンがあることで、細胞内が凍りにくくなるのだ。

さらには、紫外線を吸収して、細胞を守る効果や、病原菌を防ぐ抗菌効果もある。

ストレス環境で発生する活性酸素を除去する抗酸化機能もある。とにかく、どんなストレスにも、これ一つでOKという多機能な物質なのだ。

実際に、ムラサキエノコログサは砂地のような乾燥した場所に多いと言われている。

ムラサキエノコログサの持つアントシアニンが、ストレス下での成育を可能にしているのだろう。

アントシアニンのもう一つの重要な役割が、**「色をつける」**ということである。アントシアニンは植物の色素としての働きもあるのだ。花を色づかせて昆虫を呼び寄せたり、熟した果実を色づけて鳥を呼び寄せるのも、アントシアニンの大切な役割だ。

しかし……、である。
ムラサキエノコログサは、穂が紫色をしている。

これには、どんな意味があるだろう。

エノコログサの穂には、モサモサした毛が生えている。
このエノコログサの毛は、特徴的である。

似たようなイネ科植物の穂は、種子から毛が生えている。これは「芒《のぎ》」と呼ばれている。ちなみに、「芒種《ぼうしゅ》」とは、イネ科の植物の種播きをする季節のことだ。

この芒で鳥の食害を防いだり、種類によっては動物の毛に種子がくっついて遠くへ運ばれていったりもするのだ。

ところがエノコログサの穂を観察してみると、それとは違う。

エノコログサは茎から毛が生えていて、種子には毛が生えていない。

そのため、他のイネ科植物の穂は、種子が落ちるとモサモサした毛は、すべてなくなってしまうのに対して、**エノコログサは、種子が落ちてもモサモサした毛が残る**のだ。

このモサモサした毛がどのような役割をしているのかは定かではないが、種子を食害する害虫から種子を守っているのではないかと考えられている。

実際に、種子を食害するカメムシの仲間は、エノコログサの穂には少ないし、たまたまいるようなカメムシも穂の上を動きにくそうである。

散歩しながら「仮説・実験・結果・検証」

ムラサキエノコログサは、このモサモサした毛の部分が紫色をしている。
はたして、このことに意味があるのだろうか？

検証してみよう。

アントシアニンには、さまざまな役割がある。

たとえば、花を色づかせて昆虫を呼び寄せる。しかし、エノコログサは風で花粉を運ぶ風媒花《ふうばいか》だから、昆虫を呼び寄せる必要はない。

そのため、エノコログサの花には花びらもないし、目立たせようともしていない。

それでは、乾燥や低温に耐えているのだろうか。

どうやら、それもなさそうだ。

乾燥や低温に耐えなければならない器官は、葉っぱである。葉っぱが紫色になることに意味はあるが、モサモサした毛を紫色にすることに、あまり意味はないような気がする。

それでは、病原菌から身を守る働きはどうだろう。

そうだとすれば、モサモサした毛ではなく、種子の方にアントシアニンを蓄積した方がよいような気がする。


いったい、何のためにモサモサした毛がアントシアニンを持つのだろう？


考えられる一つの仮説は、**「特に意味がない」**ということである。

ムラサキエノコログサは葉っぱを守るためにアントシアニンを持っている。しかし、そのアントシアニンが勝手に毛にも蓄積してしまったのではないだろうか。

結果的に毛が紫色になっただけで、意図して紫色になっているわけではないかも知れないのだ。

これは、十分に考えられる仮説である。

ただ、アントシアニンを生産するのにもコストが掛かる。ストレス条件下に生えるムラサキエノコログサがアントシアニンを無駄遣いしているとは考えにくい気もする。

思いついたのは、**「昆虫の食害を防いでいるのではないか」**という仮説である。

エノコログサの毛は、おそらくは、害虫の食害を防ぐためのものである。

そうであるとすれば、毛に蓄積したアントシアニンは、害虫から身を守ることに関係しているかも知れない。


さっそく、散歩帰りにムラサキエノコログサとふつうのエノコログサを、片手いっぱいにとってきた。両手でなく片手いっぱいなのは、片方の手はリードとお散歩バッグを持っているからだ。

犬の散歩を終えて家に帰ると、さっそく、裏の倉庫から、使っていない金魚の水槽を持ってきた。

水槽の四隅に水差しを置いて、そのうち二つにムラサキエノコログサを挿し、残りの二つにエノコログサを挿した。

今度は、虫とり網を持って出かけて、角の草むらで網を振って、イネ科雑草の害虫であるカメムシを網いっぱい獲ってきた。そして、獲ってきたカメムシを水槽の中に放したのである。

もし、ムラサキエノコログサに何らかの防虫効果があれば、ムラサキエノコログサにつくカメムシは少なくなるはずである。

何度か試してみたが、予想に反して、ムラサキエノコログサにつくカメムシが少ないということはなかった。

つまり、**紫色の毛に害虫を防ぐ効果はなかった**のだ。

そうだとしたら、どうしてムラサキエノコログサの毛は、アントシアニンを持つのだろう？

謎《なぞ》は深まるばかりだ。

ところが、あるとき思いがけず、この答えがわかった。

やっぱり頭の中で考えるより、実際に観察した方がいい。

答えは目の前にあるものなのだ。

身近なエノコログサでさえ「わからないことだらけ」

別の日の散歩で見つけたのは、同じイネ科の**イヌビエ**である。

重く垂れたイヌビエの穂が、アントシアニンの紫色に染まっている。

このきれいな穂を写真に撮ろうと考えて、穂を持ち上げてみると……。

驚くことに、裏側の光が当たらない面は、きれいな緑色だった。

つまり、この**イヌビエの穂は光が当たる半分は紫色で、光が当たらない半分は緑色**だったのだ。

ここから想像すると、イヌビエの穂のアントシアニンは、種子を紫外線から守るためのものなのかも知れない。

ということは、ムラサキエノコログサの穂のアントシアニンも、同じように種子を紫外線から守るためのものなのではないだろうか？

もちろん、これは私の妄想である。

もっともイヌビエは芒だけでなく、種子も紫色に染まる。

どうしてムラサキエノコログサは毛だけが紫色なのかについては、謎のままだ。

散歩道でたどりつけるのは、この程度が限界なのだ。


しかし、ふしぎなことがある。

ムラサキエノコログサの穂のアントシアニンが、紫外線を防ぐものだとすれば、どうして、すべてのエノコログサがムラサキエノコログサにならないのだろう?


この理由は、わからない。

ただし、アントシアニンは便利な色素だが、アントシアニンを生産するのには、いくらかのコストが掛かる。

アントシアニンを作らなければ、その分の糖分を成長のエネルギーにすることができる。そのため、アントシアニンが不要な環境であれば、アントシアニンを持たない方が有利になるのだ。

（あーぁ、こんなに身近なエノコログサでさえ、わからないことだらけだ）
私はため息をつきながら、空を仰いだ。

イヌムギ、イヌビエ――名前に「犬」とつく植物が多いワケ

エノコログサは、「犬ころ草」に由来する名前だが、一般的には**「ねこじゃらし」**と呼ばれることの方が多いかもしれない。

ねこじゃらしは、「猫じゃらし」。穂で猫をじゃれさせることから、そう名付けられた。

犬も猫も大昔から人間の隣にいた身近な生き物なのに、どういうわけか雑草の中に「猫」とつくものは少ない。

一方、「犬」と名前につくものは、多くある。

この土手に生えている草を見ても、エノコログサと同じイネ科植物の**イヌムギ**と**イヌビエ**がある。

植物の名前に、「犬」とつくものは、「人間用ではなく、犬用である」というニュアンスがあるらしい。つまり、「役に立つ植物に似ているが、役に立たない」という意味なのだ。

そのため、名前に「犬」とつくものは、役に立つ植物とセットで名付けられている。

たとえば、イヌムギに対して、人間用のムギがある。イヌビエに対しては雑穀として食べるヒエがある、という具合である。

それにしても、上等ではないから、「犬」と名付けるなど、犬にとっては、とても失礼な話だ。

何しろ、私に言わせれば、犬の方が高級だ。

私が散髪代を浮かすために、格安の床屋に行っているにもかかわらず、この犬は「トリミング」などと抜かして、美容室のようなところに出かけていって、シャンプーの匂いをさせながら帰ってくる。

少なくとも、私よりはずっと上等な扱いなのだ。

「蓼食う虫も好き好き」の元ネタ植物

しばらく歩くと、**イヌタデ**がひっそり咲いていた。

ピンク色が印象的な花である。

別名は「赤まんま」。昔、子どもたちがままごとをするときに、この花を赤飯に見立てて遊んだことに由来するらしい。「赤まんま」は「赤飯」という意味である。

イヌタデは秋の花というイメージが強いが、じつは初夏から咲いている。


私は空を見た。

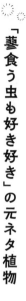

イヌタデも「犬」とつくということは、役に立つ植物があるはずだ。
それが「タデ」である。
タデは、小さな芽生えを「芽たで」と呼んで、刺身の薬味として添えられていることがある。しかし、山葵《わさび》や生姜《しょうが》ほどの存在感はないので、気がつかずに、食べられないままのことも多い。まぁ、たとえなくても誰も文句を言わない。その程度の薬味である。

　イヌタデは、その程度のタデよりも役に立たないとされているのだ。

　この人間用のタデは、雑草としてそのあたりの水辺にも生えている。ヤナギタデというのが、図鑑に書かれた名前だ。
ヤナギタデは、葉をかじると辛味がある。

　人の好みはそれぞれ、という意味で使われる「蓼《たで》食う虫も好き好き」の「蓼」が、このヤナギタデである。つまり、「食べるとまずいヤナギタデにさえも、好んで食べる虫がいる」ということなのだ。

エノコログサ

イヌタデ

イヌビエ

葉っぱを食べる昆虫に偏食家が多い理由

実際に、ヤナギタデを観察すると、何かに葉っぱを食われている。ヤナギタデが辛味成分を持つのは、害虫に食べられないように防御するためである。とはいえ、昆虫の方も植物を食べなければ死んでしまうから、ヤナギタデの辛味成分への対抗手段を発達させる。

植物は種類によって、さまざまな成分で身を守っているから、特定のターゲットを絞って、対策を講じた方がよい。こうして、ヤナギタデを専門に食べる害虫が進化を遂げるのだ。

モンシロチョウの幼虫のアオムシはアブラナ科の葉っぱしか食べなかったり、アゲハチョウの幼虫は柑橘《かんきつ》類の葉っぱしか食べなかったり、葉っぱを食べる昆虫は特定の植物しか食べない偏食家が多いが、それは植物と昆虫がしのぎを削り、その結果、そうなっているのだ。

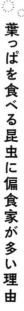

ヤナギタデは身を守るために、辛味成分を持っているが、結果的にその価値を人間に見出された。

本当のタデという意味で「本たで」や「真たで」と呼ばれて、栽培されているどころか、今や植物工場で生産されているくらいである。

これに対して、イヌタデは、やっぱり役に立たないタデなのだ。

「あなたの役に立ちたい」——あまりにけなげな花言葉

しかし……、と私はもう一度空を見た。

薄い雲が広がっている。

もしかすると、雨が近いのかも知れない。

じつは雑草と呼ばれる植物にも「花言葉」がある。

ちなみに**エノコログサの花言葉は「遊び」**だ。

もちろん、イヌタデにも花言葉がある。

役に立たないと呼ばれたイヌタデの花言葉は、いったい何だろう。

役に立たない**イヌタデの花言葉**、それは……、**「あなたの役に立ちたい」**である。

何と、けなげな花なのだろう。


世の中に役に立たないものはない。

すべてのものが役割を持って、生まれてきた。きっとそうだ。


私はアメリカの思想家であるラルフ・ウォルド・エマーソンの言葉を思った。

雑草は「望まれないところに生える植物」と定義されている。つまりは邪魔者だ。

しかし、エマーソンの考え方は違う。

エマーソンの定義はこうだ。


「雑草とは、未《いま》だにその価値を見出されていない植物である」

私は空を見た。
薄曇りの空が、どこかまぶしく見える。
そして、その空を見たとき、こう確信したのだ。
この世に役に立たないものなんてない。
だからこそ、この世の中は、こんなにも美しいのだ。

5章

なぜ、夏の花は朝に咲くのか

……「真っ赤に燃えた太陽」とのつきあい方

夏の朝は明るくなるのが早い。

太陽が昇ってくると暑くなってくるから、夏は朝早く散歩をすることになる。

朝は空気もさわやかで気持ちがいい。


「おはようございます」

すれ違いざまに、見知らぬ人に声を掛けられた。

「あっ、おはようございます」

私もとっさに挨拶《あいさつ》をした。

（えっ？　誰だったのだろう？　知っている人？）

誰だろうと困惑していると、その人は挨拶だけすると通り過ぎていった。

まるで見覚えのない人だ。

近所の人だったのだろうか。

誰だったのだろう、顔を忘れないように、思い返しながら歩いていると……。

「おはようございます」

向こうからランニングをしてきた人が、声を掛けてきた。

「かわいらしい、ワンちゃんですね」

「あ……、ありがとうございます」

私は困惑した。明らかに知らない人だ。


「おはようございます」

続いて来た人も挨拶をする。

何のことはない。

みんながすれ違いざまに挨拶をしているのだ。

そんなことは、昼間では考えられない。

早朝は、散歩をしている人やランニングをしている人が多い。その人たちは、互いに挨拶をする。ときどき、朝早く通勤しているサラリーマン風の人もいるが、つられて挨拶をしている。

朝の早い時間帯には、「誰とでも挨拶をする」というのが、当たり前のルールなのだ。

それにしても……、と私は思った。

誰とでも挨拶をするって、何て気持ちがいいのだろう。

「夏の朝を知る人」の特権

仕事でアメリカに行くとエレベーターで乗り合わせた見知らぬ人や、電車の隣に座った人が、当たり前のようにニコニコしながら、挨拶をしてくる。

私は、それは、アメリカが多国籍の国だからだと感じている。

アメリカには、文化や宗教の異なるさまざまな人たちが住んでいる。エレベーターの中で得体の知れない人と空間を共にするのは、薄気味が悪い。そこで、挨拶をして打ち解けるのである。緊張を緩和させるために、挨拶をせずにいられないのだ。

挨拶をするということは「私は怪しい者ではありません」ということをお互いに確認し合う作業でもあるのである。

日本でも植物の調査で山村に行くと、住人の方々が挨拶をしてくれる。

これも、私が得体の知れないよそ者だから、という意味もあるのだろう。

たとえ、そうだとしても、見知らぬ人と挨拶をすることは、気持ちのよいことだ。

挨拶をせずに、沈黙しているよりも、ずっと気持ちがいい。

しかし、日本では見知らぬ人どうしが挨拶をすることはほとんどない。何しろ同じ日本人どうしである。しかも「余計なことは話さなくても、通じ合える」というのが、日本文化だ。

それに、何しろ昼間は人が過密で多すぎる。すれ違う人すべてに挨拶をするのは大変な作業だ。

しかし、夏の早朝に歩いている人は少ない。しかも、早起きをして、夏の朝の気持ちよさを共有しているという連帯感もある。

「知らない人と挨拶をする」ことは、夏の朝を知る人の特権なのだ。

そういえば、登山道などでは、登山者どうしが自然と挨拶をする。

「知らない人と挨拶をする」とは夏の早朝や、山道だけに残る行動なのだろうか。もし、そうであれば、「絶滅危惧植物」ならぬ「絶滅危惧行動」と呼ばれるものなのかも知れない。

ヒルガオだって、朝から咲いている

家の庭に**アサガオ**が咲いている。

アサガオだけではない。夏の草花は、朝、咲いているものが多い。

昆虫は気温が高いと活動が活発になるが、暑すぎると逆に動きが鈍くなる。花粉を運ぶ昆虫も、夏の間は朝の涼しい時間帯に活動をする。そのため、植物も早朝から午前中に花を咲かせるものが多いのだ。

ちなみに、私が子どもの頃は、「夏休みは午前中の涼しい間に宿題をして、午後から遊びなさい」と言われたが、現代の子どもたちは「午前中の涼しい間に遊びなさい」と言われるらしい。午後は暑すぎて熱中症の恐れがあるから、家の外に出ることができないのだ。その代わり、エアコンがあるから、午後はクーラーをつけて室内で遊ぶのである。

何という時代だろう。

猛暑日という言葉が作られ、二十五度以上の夏日なんて、涼しいと思えるくらいだ。体温を超えるような気温も当たり前になってきて、異常気象が平年値になりつつある。

植物たちはどうだろう。人間にはクーラーがあるが、野外の植物にはクーラーがない。気候の変動は植物たちにとっては大問題なのではないだろうか。

しばらく行くと、駐車場のフェンスに**ヒルガオ**が咲いていた。

ヒルガオは昼顔である。つまり、アサガオが朝咲く「朝の顔」であるのに対して、ヒルガオは「昼の顔」と呼ばれているのだ。

もっともヒルガオも朝から咲いている。

じつはヒルガオも朝から咲いているが、「朝顔」の名を譲って、「昼顔」に甘んじている。

そもそも、昔から日本にあったのはヒルガオの方だ。

もともとヒルガオは、「顔花」と呼ばれていたと考えられている。ところが、奈良時代に中国からアサガオが伝来すると、アサガオに対してヒルガオと呼ばれるようになってしまったのである。

ツユクサとマツヨイグサは「はかない花」なのか

道ばたに**ツユクサ**が咲いているのを見つけた。

ツユクサも午前中に花を咲かせて、昼間にはしぼんでしまう。

そのせいか、「はかない花」というイメージで詩歌に歌われることが多い。しかし、花の基部にある苞《ほう》と呼ばれる葉っぱを開いてみると、数個のつぼみを見ることができる。一個の花は昼にはしぼんでしまうが、そんなはかない花を次々に咲かせるのだ。

コマツヨイグサも花を咲かせている。

もっともコマツヨイグサは朝に花を咲かせたわけではない。

コマツヨイグサは夕方に花を咲かせて、夜の間、咲いている。その花が、朝まで咲き残っているのだ。

コマツヨイグサはマツヨイグサの仲間である。マツヨイグサは漢字では「待宵草」と書く。宵になるのを待つから待宵草なのである。

コマツヨイグサの花も夕方になると、次々に咲き始める。肉眼で見えるくらいのスピードでパタパタと花びらを開いていくので、観察すると面白い。

コマツヨイグサは、他のマツヨイグサに比べて小さいので、「小待宵草」と呼ばれている。他のマツヨイグサは一メートル以上の大きさになるのに、コマツヨイグサは上に伸びようともせずに、地面の上に茎を伸ばしていく。マツヨイグサの中では異色の存在だ。

コマツヨイグサ

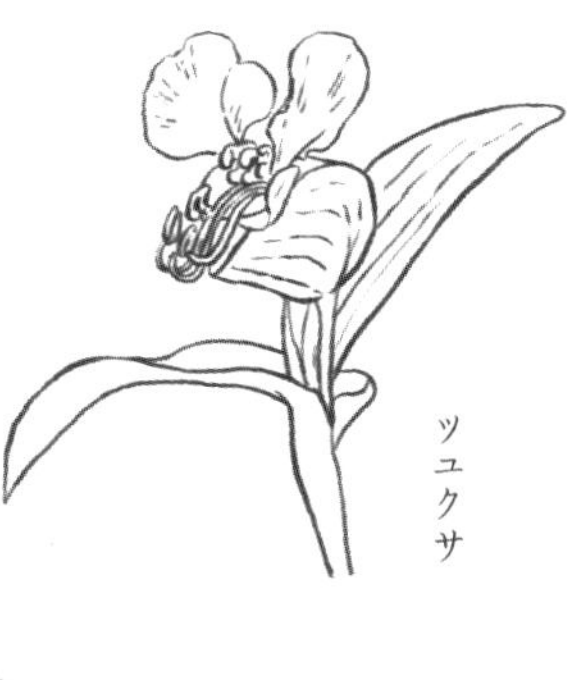
ツユクサ

太宰治、竹久夢二を魅了した外来植物

マツヨイグサの仲間は、アメリカ大陸からの外来植物である。

明治時代になって最初に日本に広がったのは、オオマツヨイグサである。

太宰治《だざいおさむ》が「富士には月見草がよく似合う」と言った月見草は、このオオマツヨイグサである。

また、「待てど暮らせど　来ぬ人を　宵待草の　やるせなさ」と竹久夢二《たけひさゆめじ》が詞を作ったのも、オオマツヨイグサのことであると言われている。

見慣れぬ異国の花は、文豪たちを魅了したのだろう。

やがて、昭和の高度成長期になると、オオマツヨイグサは少なくなり、それに代わって、南アメリカからマツヨイグサ、北アメリカからメマツヨイグサが帰化して広がった。

そして、今ではコマツヨイグサが一世を風靡《ふうび》している。

帰化植物の世界も栄枯盛衰、流行《はや》り廃《すた》りがあるのだ。

「富士には月見草がよく似合う」と太宰治が書いた『富嶽百景《ふがくひやつけい》』には、次のような文章がある。

「井伏《いぶせ》氏は、濃い霧の底、岩に腰をおろし、ゆっくり煙草を吸いながら、放屁《ほうひ》なされた。」

私は、大作家の井伏鱒二《ますじ》先生を気取って放屁してみた。

誰もいない早朝のことである。

しかし、放屁してから気がついた。

犬は人間の一万倍の嗅覚を持つという。

犬は私の放屁に気がついただろうか？　犬は大丈夫だろうか？

気づいているのか、気づいていないのか、犬は変わらず歩いていく。

マツヨイグサが夜に咲く「合理的な理由」

マツヨイグサの仲間は、夜に咲く花である。

夕方に花を咲かせて、朝まで咲いている。

植物が美しい花を咲かせるのは、昆虫を呼び寄せるためである。

暗い夜に咲く花というと、ずいぶん変わった感じもするが、夜に咲くことには、合理的な理由もある。

昼間は昆虫が多いが、咲いている花も多いから、昆虫の取り合いになってしまう。

しかも、夏の昼間は暑すぎてハチなどの昆虫は動かなくなるから、昆虫を呼び寄せる時間は限られてしまう。


一方、**夜に咲く花は、夜の間中、昆虫を呼び寄せ続けることができる**のだ。

もっとも問題は、夜に花にやってくる昆虫がいるかどうか、ということである。

ハチやアブなど一般的な昆虫は、夜は眠ってしまっている。しかし、夜に活動する昆虫もいる。夜に咲く花にやってくるのは、スズメガというガの仲間である。

もっとも、私の散歩道は住宅地である。こんなところにスズメガが飛んでくるのだろうか。

私はコマツヨイグサにスズメガが訪花しているところは見たことがないが、ヤガというガの仲間が訪れているのは目撃したことがある。

コマツヨイグサの花は、鮮やかな黄色の蛍光色をしている。暗いところでも、よく目立つ花だ。

春と夏で「開花時間が異なる」ミステリー

朝の六時頃に散歩をすると、まだコマツヨイグサは咲いている。

ところが、少し散歩が遅くなって朝の七時頃になると、もう花はしぼんでいる。

夕方の散歩のときに見ると、どうやらコマツヨイグサは夜の七時頃から咲き始めるようだ。

これは、七月の最初の頃の話だ。

夏も盛りである今日は、もう六時頃には花はしぼんでいた。

夏になるにつれて、しぼむ時間が早くなっているようだ。


（やっぱり、そうだ）

私は思った。


コマツヨイグサの花期は夏であるが、散歩道では春の季節から咲いている。

じつは、春の四月に見たときには、九時頃まで咲いていた。十時頃になるとしぼんでしまう花もあるが、まだ咲いている花もあった。

いつまで咲いているのだろう。

お昼になっても、まだ咲いている花もある。

午後になっても、まだ咲いている。

やがて夕方五時くらいになると、新しい花が咲き始めた。

つまりは、四月に観察したときには、一日中咲いていたのである。

夏に咲くはずのコマツヨイグサが、春に咲いていた。

しかも、夜咲くはずのコマツヨイグサが、昼間に咲いていたというのは、どういうことなのだろう。

気をつけて観察してみると、春に咲いているコマツヨイグサには、アブの仲間のハナアブやハエの仲間のツマグロキンバエがやってきている。

春はナノハナやタンポポのように黄色い花が多い。そして、アブの仲間は黄色い花を好んで訪れるのだ。

おそらく、花色が黄色いコマツヨイグサは、春の間は、アブやハエなどに花粉を運んでもらう方法を見出した。そして、春の間は夜だけでなく、昼間の間も咲くようになったのではないだろうか。

これが私の妄想である。

今日はコマツヨイグサを探しながら、ずいぶんと遠くまで散歩してしまった。

「おはようございます」

向こうから人が歩いてきたので、気持ちよく挨拶をすると、その人は怪訝《けげん》そうな顔をして私の顔をのぞき込みながら、挨拶を返すことなく、黙って通り過ぎていった。

どうやら、いつもより長い時間、犬の散歩をしてしまったようだ。

もう朝もすっかり時間が経って、誰とでも挨拶をする魔法の時間は終わってしまったようだ。

今頃、すれ違った人はどうしただろう。

きっと、私のことをどこで会った人だろうと、モヤモヤした気持ちでいるに違いない。

6章

老木にはどうして風格があるのか

……植物にとって「生きている」って何だろう

空を見た。


空の高いところにウロコ雲が広がっている。

それにしても、きれいなウロコ模様だ。

どうして、こんな奇妙な形の雲ができるのだろう。

本当にふしぎだ。

ずっと眺めていたら、何だか空全体が松の樹皮の模様のようにも見えてきた。

あまりに見過ぎたせいか、雲の模様が少し気持ち悪い感じにも思える。

松の木の若い部分も、ちょうどこんな感じだ。細長い葉っぱが落ちたところがウロコ模様になるのである。

（そういえば、あの松の木はどうなっただろう……）

人の年齢、犬の年齢

私は犬の年齢で言うと十歳になった。

週に二回ゴミを出しにいくのと、犬の散歩くらいが私には、ちょうどよい運動である。

もっとも、犬の散歩をしているとボーッとしてしまうことも多い。

人間の脳というのは、よくできていて、ボーッとしていても散歩くらいはできる。

考えごとをしているうちに、気がつけばいつもの散歩ルートを進んでいる。

ルーティンの作業であれば、完全に無意識に自動運転できるのだ。

犬のリードに引っ張られているうちに、「あれ、いつの間にここまで進んでいたのだろう」と我に返って、そこまで歩いてきた過程をまったく思い出せないことも多い。

いやいや、これは本当に脳の自動運転なのだろうか。

こうして言葉にしてみると、ほとんど徘徊《はいかい》老人と変わらないではないか。

私も犬の年齢では十歳である。

このままボケてしまってはいけない。たまには、散歩のルートを変えてみることにしよう。

きっと、犬にとっても、知らない道の方が刺激的だろう。

ちなみに私は、五十年の間ずっと「十歳」を「じゅっさい」と読んでいたが、正しくは「じっさい」と読むらしい。

「松枯れ」――その真犯人は？

思い立って、車通りの方へ散歩のルートを変えてみた。

いつもと違う道を進んでいくと、T字路に出た。ちなみにT字路も、正しくは「丁《てい》字路《じろ》」らしい。

その丁字路には、昔から「一本松」と呼ばれているマツが立っている。おそらくは正式名称ではない、ずっと昔から誰が言うともなく、「一本松」と呼ばれているのだ。

とはいえ、タクシーの運転手に「一本松のところを曲がって」と言うと、それではほとんどのタクシー運転手は話が通じる。それくらい「一本松」という呼称は浸透しているのだ。

何でも、その松の木は、江戸時代の街道の松並木が残っているものらしい。

ところが、もともと一本松と呼ばれていたマツは、もう十年以上前に松枯れで枯れてしまった。

今、全国で**松の木が次々に枯れて問題**となっている。

江戸時代には、各地で松が植えられた。ところが、明治時代になると突然、松の木が集団で枯れ出す現象が観察されるようになったのである。そして、一九七〇年代以降になると、松枯れは各地で爆発的に広がるようになった。

松枯れが問題となった当初、原因と考えられたのがマツノマダラカミキリという昆虫である。マツノマダラカミキリは、カミキリムシの仲間である。

カミキリムシは、鋭い歯で木の幹を傷つけて栄養をとる。

マツノマダラカミキリは、松の木の幹を傷つけてしまう。これが松枯れの原因であると考えられたのである。

ところが、疑問は残る。

何しろ、マツノマダラカミキリは大昔からいる。

それなのに、明治時代以降になって、どうして松枯れが問題になるようになったのだろう。

挿し木――体の一部からクローンを作り出せるふしぎ

じつは、松枯れはマツノザイセンチュウというセンチュウによって引き起こされる。

このマツノザイセンチュウは、北アメリカから日本にやってきた外来の害虫だ。

もっとも、マツノマダラカミキリが無罪だったわけではない。

センチュウは小さなイトミミズのような存在なので、自分で動くことができない。

ところが、このマツノマダラカミキリにくっついて、センチュウが移動をする。そして、マツノマダラカミキリがかじった傷口から侵入して、マツに感染をする。そして、マツを枯らしてしまうのである。これが松枯れである。

この松枯れによって、全国の銘木や松並木が失われていく。

この「一本松」も、松枯れによって枯れてしまったのだ。

今では、一本松の場所には、昔の一本松の枝を挿し木した二代目の若い木が立っている。ただ、大きな一本松は丁字路の目印でもあったので、今ではわかりやすいように、小さな松の木の横に「一本松」という看板が新たに立てられている。


銘木や巨木が枯れてしまいそうになると、**挿し木**をして二代目の木を育てることがある。

挿し木は、枝を取って、それを土に挿す方法である。

元の木の枝を育てているから、遺伝的には、元の木とまったく同じである。

しかし、どうだろう。

この二代目の松の木は、本当に「一本松」と呼べるのだろうか？

そもそも、銘木や巨木は、その風貌《ふうぼう》や巨大さが称えられてきた。

挿し木で殖やした木に価値はあるのだろうか。

何だか、ふしぎである。

それにしても、植物はふしぎである。

体の一部から、クローンを作り出すことができるなんて、人間であればとんでもないことだ。

もし、私の体の一部からクローンを作り出すことができたとしたら、それは私自身なのだろうか？　それとも私とは別の存在なのだろうか？

（いやいや、妄想が過ぎる）

私は苦笑した。

（まったく犬と散歩に出かけると、ろくなことを考えないよ）

二代目の松の木の幹は、亀甲《きっこう》模様になっている。

木が大きく太っていっても、樹皮は大きくならない。そのため、幹が太ると樹皮が割れてしまうのだ。

そして、割れた樹皮を修復するようにして、新たな樹皮が形成されていく。こうして幹の模様が作られていくのだ。

この樹皮の割れ方は植物によって決まっており、松の木は、割れ目が亀甲模様になるのだ。幹に亀甲模様があるということは、二代目の若い木も順調に成長しているということなのだろう。

「街路樹の根元」に広がる多様な世界

(せっかくだから、もう少しだけ遠回りしてみることにしよう)

私は、そのまま車通りを歩いていくことにした。

こういう大通りで注目すべきは、街路樹の根元に設けられたワクである植えマスだ。街路樹が植えられているまわりは、土が露出している。そのまわりに雑草が生えているのだ。

面白いことに、同じような木が植えられて、同じように植えマスが並んでいるのに、一つひとつの植えマスで生えている雑草の種類が異なっていて、一つひとつが違う雰囲気に見える。

それを順番に眺めていくと、まるで美術館の絵を一枚一枚鑑賞しているような気分になる。

ちなみに私は植物にくわしいと思われているが、じつは木の種類はまるでわからない。

こうして、雑草を見て、足元の草ばかり見て歩いているから、街路樹を見上げることはほとんどないのだ。

「クスノキの大木」は何を見てきたのか

一本松から、旧街道沿いに歩くと、バス停がある。

いつからここに立っているのだろう。

バス停のたもとに、**クスノキ**の大木がある。

その幹のところに大きな看板が立てかけられていた。

(何だろう)

近づいて看板を見ると「お知らせ」と書かれている。

「お知らせ　この樹木は、倒木の危険があるため、○月×日に伐採します」

（えっ！　切っちゃうの？）

私が知る限り、この木は大昔から立っている。

クスノキが立つこの道は、古くからの街道なので、そんなに広くはない。バス停の横にある木は、道路にはみ出していて、車で通るときには邪魔である。枝が道路の方に伸びているので、バスは枝を避けるために、ハンドルを右へ切らなければならない。きっと、倒木の危険があるというのは口実で、邪魔だから切ってしまうつもりなのだろう。

確かに、バス停の横にあるから、邪魔なことは間違いがないが、おそらくはバス停の方が後からできたはずである。バス停の位置をずらすことだってできただろう。

バス停の横の木は、夏には日陰を作って強い日差しを避けてくれた。この木があるから、みんな日傘を閉じて、列を作ることができたのだ。

また、少しの雨であれば、木の下で雨宿りをすることもできた。

私たちを見守ってくれていた、そんな大切なクスノキである。


それにしても、この木はいつからここにあるのだろう。

バスなんかが通る前から、この木はここにあった。

道路がアスファルトで舗装される前から、この木はあった。

この道は、江戸時代の街道である。きっと昔は多くの旅人が、この道を通ったのだろう。このクスノキの木陰でひと休みしたりしたのだろうか。もしかすると、この木に倒れかかりながら行き倒れになった旅人もいたのかも知れない。

雨の日もあっただろう。晴れの日もあっただろう。嵐の日もあっただろう。

暑い日もあっただろう。寒い日もあっただろう。

災害もあっただろう。戦争もあっただろう。

このクスノキは、いったいどれだけの人々の営みを見てきたのだろう。

そして、いったい、どれだけの人々がこの木を見上げたことだろう。

どんな思いで見上げたのだろう。

明日、この木が伐採されるという日の夕方、私は犬を連れて、クスノキの最後の勇姿を見に行った。

他にも何人も来ていて、道路のこちら側や向こう側で、写真を撮っている。

私もスマホを掲げて写真を撮った。

クスノキに夕日が映っている。クスノキが見る最後の夕日だ。

「切り株」を観察するとわかること

日曜日。

バス停に行くと、もうそこにはクスノキはなかった。

看板に書かれていたとおりだ。

その代わり、大きな大きな切り株だけが残されていた。

近づいてみると、切り株の中には大きな空洞がある。

どうやら、倒木の危険があるという話は、本当だったらしい。

大木は、木の中が空洞になってしまうことが多い。いわゆる「木の洞《うろ》」である。

リスやフクロウが棲みかにするのは、そんな木の洞だ。そういえば、ジブリ映画に登場するトトロも、大きな木の大きな洞に棲んでいたような気がする。


!


(何だこれは!)

近づいてみて驚いた。

伐採された切り株の幹からカーブミラーが生えているのだ。

いや、そうではない。大きな木の幹に、カーブミラーの支柱が埋まってしまっているのだ。

見れば見るほど、本当にふしぎな光景だ。


どうして、このようなことが起こるのだろう?

樹木は、外側へ外側へと細胞分裂をして、幹を肥大させていく。

その途中にカーブミラーの支柱があっても、それを包むようにして細胞分裂を続けていく。そして、ついには、カーブミラーを呑《の》み込みながら太い幹が作られていくのである。


もっとも、カーブミラーは江戸時代からあったわけではない。

道路が舗装されて、整備された後にカーブミラーが建てられた。それは、おそらくは古くても数十年前の話だろう。そうだとすると、このクスノキはまわりをアスファルトに塗《ぬ》り固められた後も、幹を太くしていったことになる。

植物の成長というのは、本当にすごいものだ。


それにしても、この木は、いったいどれだけの歳月を生きてきたのだろう。

私は思いついた。

（そうだ！　切り株がある！）

なぜ、木は「年輪」を刻むのか

木は、一年に一本、**年輪**を刻んでいく。

春から夏にかけて木は盛んに成長する。一方、秋から冬にかけては成長が鈍くなる。この成長の差が年輪として現われるのだ。

そのため、年輪の数を数えれば、この木の年齢がわかる。


スマホで切り株の写真を撮って、家に帰ってパソコンで画面を拡大して年輪を数えてみた。

残念ながら、木の真ん中がポッカリ空洞になっているので、すべての年齢を数えられるわけではない。

さらに、アスファルトに塗り固められた中で大きく育っているので、切り株の年輪は、きれいな同心円にはなっていない。

しかも、私は木についてはまるきりの素人だから、それらしい年輪を数えることしかできない。
それでも、数えられるだけで、百四十本の年輪を確認することができた。
かなりの老木である。

しかし……、と私は思った。

「老木」っていったい、どういう意味なのだろう？

どんな大木も「生きている部分」はほんのわずか

たとえば、樹齢千年と言われる木もある。
寿命が千年あるのだとすれば、樹齢百年は、まだまだ若い。
伐採されたクスノキは、幹の中に大きな洞ができている。見るからに老木である。
しかし、どうだろう。
じつは、「木」は、ほとんど死んだ細胞からできている。

朽ちて空洞になっている部分も、もともとは死んだ細胞の集まりだったわけだ。

木は、ほとんど死んだ細胞からできている。そうだとすると、生きている細胞はどこにあるのだろう。

じつは、**生きている細胞は木の外側の部分にある**。

生きた細胞は外側へ外側へと細胞分裂を続けながら、幹を太らせていく。そして、内側に位置した細胞は死んでいくのである。

樹皮を取り除いた幹の一番外側にある薄い部分、このわずかな部分だけが、今まさに生命活動を行なっている部分である。

どんな大きな木も、生きている部分はほんのわずかなのだ。

古い細胞が死んでいき、その上に新たに作られた細胞が積み重ねられていく。そして、その細胞もやがて死に絶えて、その屍《しかばね》の上に、また、新しい細胞が作られる。年輪は、その軌跡なのだ。

樹齢が百年を超える大木も、生きている部分では、新しい細胞が生まれ続けている。

死んだ細胞を土台にして、常に新しい細胞が生まれ続けている。

それは、「老いた木」と呼ぶべきなのだろうか。

森の中では、倒れた木から新しい芽が再生してくることもある。倒木しても、木は完全には死なずに生き続けているのである。

そうだとすれば、倒壊した大木は「老いている」わけではない。

木の体のほとんどは、死んだ細胞でできている。生きているようにみえて、本当は死んでいるのだ。

一方、木の体には生きている細胞がある。たとえ、伐採されても、その生きている細胞から萌芽《ほうが》してくることもある。

まさに、**木にとっては、死んでいることと生きていることは、隣どうしの出来事な**のだ。

「死んだ細胞」に包まれている生命

これは、植物だけではない。

考えてみれば、私の体もそうだ。

たとえば、爪は死んでいる細胞である。

あるいは、髪の毛はどうだろう。髪の毛も細胞である。

爪や髪の毛は、切っても痛くないし、自分の体の一部という実感はない。

しかし、細胞分裂によって生まれた私の体の分身である。

そもそも、私の体は受精卵というたった一個の細胞が始まりだった。

その、一個の細胞が分裂を繰り返し、私の体を作り上げたのだ。

そう考えれば、爪の細胞も髪の毛の細胞も、間違いなく、私の体の細胞の分身である。

皮膚の細胞もそうだ。

私たちの皮膚の一番外側にある「角質層」は、じつは、死んだ細胞である。

私たちの体は、死んだ細胞に包まれているのだ。

樹木は、生きた細胞が死んだ細胞を包んでいる。一方、私たち人間は死んだ細胞が生きた細胞を包んでいる。

死んだ細胞と生きた細胞で体ができている点では、私もこのクスノキも、まったく違いがない。


いったい生きているって、何だろう。


私は空を見た。

雲一つないどこまでも透き通った空がそこにはあった。

7章

雑草が生い茂るのには理由がある

……植物と人間の「裏面史」

あらためて、わが家の犬について紹介することにしよう。


犬は、イヌ科イヌ属の動物である。

学名は、カニス・ルプスである。

ちなみに私は、ヒト科ヒト属である。

学名は、ホモ・サピエンスだ。


学名というのは、すべての生物につけられている。

たとえば、イヌは英語でドッグと言う。フランス語ではシヤンと言うらしい。ちなみに、ドイツ語ではフントと言う。ダックスフントのフントだ。

イヌくらいなら「ドッグ」という英語さえ覚えれば、世界の人と会話できるかも知れない。しかし、たとえばイタチはどうだろう。また、同じイタチ科のアナグマやカワウソはどうだろう。そういえば、カワウソにはニホンカワウソやヨーロッパカワウソなどの種類がある。ヤンバルクイナやイリオモテヤマネコは英語で何と言えばよいのだろうか。

生物の種類は数多くある。そのすべてを世界中の人が英語でやりとりすることは難しい。

そこで、**世界共通の呼び名としてつけられているのが「学名」という仕組み**だ。

分類学の父・リンネの何がすごいのか

学名は**「二名法《にめいほう》」**という方法で名付けられる。

たとえば、犬の学名はカニスとルプスからなる。

カニスは属名と言って、「カニス属」というグループに属していることを意味している。そして、ルプスは小種名と言って、カニス属の中のルプスという名前という意味になる。この学名の付け方は、苗字と名前の関係に似ている。

たとえば、山田太郎は、山田というグループの中の太郎ということになる。

また、山田太郎は同姓同名が存在するかも知れないが、学名はそんなことはなく、一つの種ごとに、それぞれ別の学名がつけられている。

さらに**学名のすごいところは、ラテン語でつけられている点**だ。

ラテン語は、現在では話し言葉としては使われていない。そのため、変化しないことが特徴だ。

人々が使う言葉はどうしても、変化してしまう。

たとえば、千年前の日本人は「いとをかし」と言っていたのが、今の若い人たちは「激ヤバ」とか「エモい」とか言っている。使っている言葉は時代を経て変化していってしまうが、ラテン語ではそういう問題は起こらない。そのため、学名にはラテン語が用いられているのだ。

この世界共通の「学名」という仕組みを作ったのが、**分類学の父**と呼ばれている、スウェーデンの生物学者**カール・フォン・リンネ**である。

学名の仕組みは、考えれば考えるほど、よくできている。

リンネは、本当にすごい。

あれ？　何の話だったっけ？

犬と散歩していると、色々と余計な考えごとをしてしまう。

いや、考えるなどというまとまったものではない。脳が次から次へと勝手に妄想を浮かび上がらせてくるのだ。

あれ、何を考えていたんだっけ？

そうだ、犬の話をしよう。

生物の「姿」を変えていく人間の改良技術

犬の学名はカニス・ルプスである。

じつは、この学名はオオカミの学名である。じつは、犬は生物学的にはオオカミなのだ。

正確には犬の学名は、「カニス・ルプス・ファミリアリス」と言う。これは、カニス・ルプスの中の「ファミリアリス」という種類という意味である。

「飼い犬」と呼ばれるすべての犬は、「カニス・ルプス・ファミリアリス」である。

しかし、その中にもさまざまな犬種がある。


これはお米で言えば、コシヒカリやあきたこまちなどの、さまざまな品種があるのと同じである。しかし、米の品種はどれも見た目が似ているが、犬種はかなりバラエティに富んでいる。

何しろセント・バーナードのような大型犬もチワワのような小型犬も「カニス・ルプス・ファミリアリス」だし、見た目の違うブルドッグもダックスフントも、みんな「カニス・ルプス・ファミリアリス」なのだ。


犬が人間に飼われるようになったのは、一万五千年ほど前であると考えられている。

しかし、今あるようなさまざまな犬種が作られたのは、十九世紀以降のことだというから、長い犬の歴史の中では、つい最近のことだ。

生物の姿を変えていく人間の改良技術は、本当にすさまじいものだ。

「交配」と「自然淘汰」

ちなみに、わが家の犬は「チワマル」と言う。これは名前ではない。「チワマル」という種類なのだ。

チワマルは、チワワとマルチーズの雑種のことらしい。

わが家の犬は、一見すると姿かたちは白いマルチーズである。しかし、怒ってキバをむくとチワワの顔になるし、喜ぶとチワワのようにぴょんぴょん跳びはねる。背中のところが少し茶色がかっているのは、チワワの影響だろうか。

つまり、マルチーズとチワワの両方の特性を持ち合わせている。遺伝子には逆らえないということなのだろう。遺伝というのは、本当に面白いものだ。

もっとも、最近では雑種ではなく、ミックスと言うらしい。

チワマルは、「チワワ×マルチーズ」のミックスである。

このように「チワワ×マルチーズ」と表記する場合は、最初に書いてあるチワワの方がメス親である。メスのチワワにオスのマルチーズを掛け合わせたということなのだ。

ちなみに、マルチーズ×チワワは、「マルチワ」と言うらしい。

チワマルやマルチワは犬種ではない。雑種である。

一方、チワワやマルチーズは犬種である。

これは何が違うのだろう。

たとえば、ダックスフントのような足の短い犬を作ろうとすれば、足の短い犬を選んで交配する。その子犬の中には足の長いものも短いものもいる。その中から足の短いものを選んで、他の足の短い犬と掛け合わせる。そして、その子犬の中から足の短いものを選んで交配する。

これを繰り返すことで、足の短い犬種が作られているのだ。

「足の短い犬」のように、ある基準を作ることで、その基準に合った犬が作られる。こうして作られたのが犬種である。

自然界では、それは**自然淘汰**《とうた》として起こる。

たとえば、キリンの祖先は首が短かったと言われている。その中で、首が長いものが高い木の葉を食べて生き残り、その子どもの中でも首の長いものが生き残る。これを繰り返すことで、首の長いキリンに進化をしたのである。

人による選抜は、自然淘汰よりもさらに厳しく選抜することになるから、自然界で起こる進化よりも、短い年月で新しい犬種が作られていく。

植物が「品種固定」される道のり

じつは、これは植物でも同じである。

たとえば、米の品種の**コシヒカリは「農林22号×農林1号」の交配**である。

つまり、農林22号の雌しべに、農林1号の花粉を掛けたのである。

しかし、「コシヒカリ」となる品種の種子を播くと、さまざまな子孫が現われる。その中から親のコシヒカリの標準に近いものを選んで栽培する。その子孫の中にもさまざまなものが現われるが、その中からコシヒカリの標準に近いものを選び出す。この作業を繰り返すことで、コシヒカリの種子を播けば、標準に近いコシヒカリが育つようになる。

こうして、一つの品種が作られるのだ。この作業は**固定**と呼ばれている。

コシヒカリも最初は、「農林22号×農林1号」の雑種に過ぎなかった。しかし、コシヒカリとしてあるべき姿が作られ、固定されて「品種」となったのである。

もっとも、品種として固定されたコシヒカリでも、種子を取って播き続けると、標準から離れた株が生じてしまう。そのため、**現在でも、何年かに一度は、標準のコシヒカリの種子に更新する作業が行なわれている。**

犬について言えば、このような「標準となる形」を持たないものが犬種ではない雑種である。

わが家の「チワワマル」も、「チワワマル」とはこういうものだという標準を作り、交配を続けていけば、ついには「チワワマル」という犬種が誕生することだろう。

しかし、わが家の犬のような姿かたちが標準となることはないだろう。

わが家の犬には、チワワやマルチーズのような気高さはない。
もさっとしていて、いかにも雑種と呼ぶことこそがふさわしいのだ。

あれ？　何の話だったっけ？
犬と散歩していると、本当に余計なことを考えてしまう。

自然界では「絶対に生き抜けない」植物

そうそう犬の話だ。

それにしても、オオカミから犬を作り出すなんて、人間は本当にすごい。
それは植物も同じだ。
たとえば、野生の植物から、さまざまな作物や野菜などを作り出した。
丸いキャベツなんて、自然界では絶対に生き抜けない形だ。
キャベツは学名を**ブラシカ・オレラセア**と言う。

じつは、ブロッコリーも学名はブラシカ・オレラセアと言う。

学名は一つの生物について、一つずつつけられる。

つまり、学名が同じキャベツとブロッコリーは同じ生物種であるということなのだ。


ブラシカ・オレラセアは、もともと海岸に生えるケールのような植物だったと考えられている。ケールは青汁の原料として知られている植物だ。もちろんケールの学名もブラシカ・オレラセアである。

このブラシカ・オレラセアの葉を食べるように改良したのがキャベツである。

そして、つぼみの部分を食べるように改良したのが、ブロッコリーなのだ。さらにブロッコリーを改良して作られたのがカリフラワーである。

それだけではない。コールラビという西洋野菜は、茎を食べるように改良したものだし、葉の付け根の芽を食べるように改良したのが、芽キャベツである。


このように、ブラシカ・オレラセアという種の中に、さまざまな野菜がある。

まさに、カニス・ルプスの中にオオカミやさまざまな犬種が含まれるのと同じだ。

そのため、**ブラシカ・オレラセアは「植物界の犬」と呼ばれている**。
もちろん、ブラシカ・オレラセアだけではない。さまざまな植物が改良されて、さまざまな作物や野菜が作り出されたのだ。

なぜ雑草は「身近なところ」に生えているか

しかし……、と私は思った。

人間が作り出したのは、作物や野菜だけではない……。
私は道ばたのタンポポを見た。
このタンポポさえも、人間によって作り出されたものなのだ……。
雑草は道ばたや公園、畑など、私たちの身近なところに生えている。
雑草が生えているのは、人間が作り出した人工的な環境なのだ。
面白いことに、雑草と呼ばれる植物は、人間がいないところにはほとんど生えることができない。

たとえば、森の中にはタンポポなどの雑草は生えることができない。森の中は、光を巡って背の高い植物がしのぎを削っている。そんな暗い森の中で、小さな雑草は生えることができないのだ。

もしかすると、森の中でタンポポを見たことがあるという人もいるかも知れない。しかし、それは山を切り拓いたハイキングコースだったり、キャンプ場や駐車場だったりといった場所である。つまりは、やっぱり人間が作り出した環境なのである。


雑草は人間が作り出した環境に生える。

そうだとすると、人間がいなかった昔はどこに生えていたのだろう。

「他の植物が生えられない場所」を独占した雑草

雑草の祖先が生まれたのは、氷河期の頃だったと言われている。

氷河期が何度も繰り返される中で、氷が溶ければ増水した水が何度も氾濫《はんらん》を繰り返す。氷に削られた大地が土砂崩れを起こす。こうした「攪乱《かくらん》」と呼ばれる環境の変化が起こるようになった。こんな変化が起こる場所では、ふつうの植物は生えることができない。

そんな他の植物が生えることができない場所を独占するように進化を遂げたのが、雑草と呼ばれる植物であると想像されているのだ。

ところが、その後、地球にとんでもないことが起こった。

地球の歴史上、最強にしてもっとも恐ろしい生物が誕生したのである……。

私は空を見上げた。

雑草が誕生した「ダークサイドな裏面史」とは？

地球の歴史上、最強にしてもっとも恐ろしい生物……、それは**人間**である。

何しろ人間は、環境を変えてしまえる。

アナグマが穴を掘ったり、ビーバーがダムを作ったりするように、環境を変化させる生き物は他にもいる。

しかし、人間ほど環境を大きく変えてしまう生き物はいない。人間たちは、森を切り拓いて村を作り、土を耕して畑を作り、水路を作って水を引いた。こうして、環境を変化させ続けるのである。

変化する環境は、雑草の祖先にとってもっとも得意とする場所である。そのため、雑草の祖先は、人間が作り出した環境に分布を広げていった。


もちろん、人間たちは邪魔になる雑草を取り除く。

しかし、草を取ったり、畑を耕して除草されたりすることは、雑草たちにとっては、やはり変化する環境である。生えている雑草は取り除かれるが、そこには新しい雑草が次々に生えていった。

人間は草取りをし続け、畑を耕し続ける。他の植物たちはとても生えることができないが、そこは雑草たちにとっては、もっとも得意とする場所であった。

もちろん、洪水や土砂崩れで起こる環境の変化と、人間が草取りや農業によって作り出す環境の変化は、違いがある。そこで、雑草の祖先は、人間が作り出した環境に適応する形の進化を求められた。

人間が新しい環境を作り出せば、それに合わせて進化をする。

人間の生活が変化すれば、雑草もまたそれに適応する。

こうして、**雑草と呼ばれる植物は、人間の生活の発展と共に、進化を遂げていったのだ。**

そして今……。

私たちのまわりには、たくさんの雑草が生えている。

ということは、私たちのまわりに生えるすべての雑草も、私たち人間が作り出した植物なのだ。

改良された作物や野菜たちは、私たちの歴史の中で作り出された植物である。

そうだとしたら、雑草はその裏側で人知れず作り出された植物である。

まさに**雑草はダークサイドな裏面史で誕生した植物**ということなのだ。

私は空を見た。

雲が猛スピードで流れていく。
しかし、そこにあるのは、おそらくは遠い昔と何一つ変わらない空の風景だった。

8章

「雄しべ」と「雌しべ」の切ない話

……「命のバトン」はこうして渡されていく

「かわいいですねぇ」

散歩をしていると向こうから歩いてきた見知らぬ女性が私に声を掛けてきた。

犬の散歩をしていると、見ず知らずの人から声を掛けられることが多い。

少しハデなTシャツを着てきてしまったが、「かわいい」と言われたのは、私のことではないだろう。おそらくは、この犬のことである。

「かわいらしいワンちゃんですねぇ」

私が何も反応しないので、女性は念を押してそう言った。まさか「あなたのことではないですよ」と言いたかったのだろうか。

女性は聞いた。

「男の子ですか、女の子ですか」

私は答えた。

「メスです」

最近では、犬のことも人間と同じように、男の子とか女の子と言うらしい。

しかし、犬なのだから、「女の子」ではなく、「メス」が正しい。

「お父さんとお散歩、よかったねぇ」

女性はまるで人間の子どもに語りかけるように犬に向かってそう言うと、バス停の方へ歩いて去っていった。

（いやいや、私が犬のお父さんなわけはないだろう）


そもそも犬の学名は「カニス・ルプス」、私は学名が「ホモ・サピエンス」のヒトだから、まったくの別種である。犬とヒトとが親子であるわけがない。

私は「お父さん」ではなく、「飼い主」である。「主人」なのだ。

もっとも、この犬は主人を主人とも思っていないらしく、自分がリーダーであるかのように、先頭を切って歩いていく。

まぁ、いいだろう。今の時代に求められるリーダー像は、「俺についてこい」という親分肌ではなく、後ろからついていくタイプなのだ。犬に理解してもらおうとは思わないが、私こそが、真のリーダーなのだ。

オスがいて、メスがいる――生命のふしぎ

わが家の犬はメスである。
しかし、散歩をしているとオスの犬もいる。
犬を飼うときには、オスとメスとどちらがよいのだろう。
まぁ、私には興味のない話だ。
わが家のメス犬は、妻と娘が気に入って買ってきた。
どうしてメスを選んだのだろう。
メスの方がおとなしくて飼いやすいのだろうか……。
いずれにしても、私には興味のない話である。
何しろわが家のメス犬は、妻と娘が気に入って買ってきた。
私には、何の相談もなく……、である。

もちろん私には興味のない話だ。

しかし、気になって……、いや後学のために調べてみることにした。

確かに、メスの方がおとなしいと書いてあるネット情報もある。

一方、メスの方が我が強いが、オスの方が素直で単純で飼いやすいと書いてあるものもある。

もっとも、どの情報も、「結局は雌雄の差よりも、個体差の方が大きい」と、最後には結論づけられていた。私はその説明が一番腑《ふ》に落ちた。

あるページには、犬のオスやメスに対するイメージは、人間社会の性別に対するイメージが影響しているとも書かれていた。

納得である。

オスを飼った方がいいのか、メスを飼った方がいいのか、結局のところ、どちらでもよいということなのだろう。

だからこそ、散歩に出かければメスの犬もいれば、オスの犬もいるのだ。

乳牛では、牛乳を出すメスだけが飼育される。同じようにメスがよいと結論づけられれば、誰もがメスの犬ばかりを飼うことになってしまうだろう。

それでは人間はどうだろう。

はたして男として生まれるのが得なのだろうか？

それとも女として生まれるのが得なのだろうか？

これは永遠のテーマだろう。

キンモクセイの芳醇な香りは「オスの香り」？

どこからか芳醇《ほうじゅん》な甘い香りが漂ってきた。

キンモクセイだ。

探してみると、公園の隅に一本だけキンモクセイの木があった。

オレンジ色の小さな花が枝いっぱいに咲いている。

最近の子どもたちは、キンモクセイの香りを「トイレの香り」と言うらしい。

キンモクセイの香りはトイレの芳香剤に使われている。本物のキンモクセイを見る機会は少ないから、「トイレの香り」と思うのだろう。まぁ、それだけ自然に触れる機会がないということなのだろう。無理もない話だ。

キンモクセイの香りをトイレの香りと言う子どもを嘆くなら、そんな程度の環境しか子どもたちに与えることのできない大人たちのことを憂うべきだろう。

ちなみにクイズに出てくるような雑談レベルの話だが、日本に植えられているキンモクセイはすべてオスの木である。そのため、口の悪い植物学者は、キンモクセイの芳醇な香りを**「オスの香り」**と呼ぶ。

植物は、一つの花の中に雄しべと雌しべがあるのが普通である。つまり、一つの花の中にオスとメスが同居している。

ところが、中にはオスの木とメスの木が分かれている変わり者がある。

たとえば、イチョウの木はオスの木とメスの木がある。

イチョウの実であるギンナンがなるのはメスの木だ。街路樹などでは、ギンナンが落ちると困るので、オスの木が好んで植えられる。

キンモクセイは中国原産の樹木である。

キンモクセイも日本ではオスの木が選ばれて植えられている。

それでは、キンモクセイはどうしてオスの木が選ばれたのだろう。

オスの木とメスの木ではオスの方が、負担が少ない。

メスの木は花が咲き終わった後で実を結び、種子を作らなければならない。種子を作るには相当のエネルギーがいる。一方、オスは小さな花粉を作ればよい。そのため、オスの方が、負担が少ないのだ。

一方、メスの木は種子を作ることができるから、花粉さえ受け取れば、確実に種子を残すことができる。

これに対して、オスの木は確実に自分の子孫を残せる保証がない。

自分の花粉がメスの木に届かなければ、自分の遺伝子を残すことができないのだ。

もちろん、オスの木にはライバルとなる他のオスの木がある。ライバルとなるオスの花粉ではなく、自分の花粉をメスの木に届けなければならない。

ライバルに勝つために大切なことは、できるだけたくさんの花粉を作ることである。

そのため、オスの木はたくさんの花をつけるのだ。

人間にとっては、花がいっぱいある方がよい。
こうして、人間はオスの木を選んで植えているのだ。

オスの木は、芳醇な香りで虫を呼び寄せる。しかし、虫に花粉をつけて運ばせても、日本にはメスの木はない。オスの木が大量に花粉を作り、虫を呼び寄せたとしても、その花粉がパートナーとなるメスに届くことはないのだ。

しかも、日本に植えられているキンモクセイは挿し木で増やされている。

つまり、日本中にあるキンモクセイは元の株からコピーされたクローンである。愛を伝えるメスの木もいない。ライバルとなる他のオスの木もいない。

じつは**日本中に植えられているキンモクセイは、孤独な存在**なのだ。

遺伝子を残すための「激しい生存競争」

自然界では、激しい生存競争が繰り広げられている。

生き物は、自分の遺伝子を残した者が勝者である。

それは、オスとメスについても同じである。

オスとメスも、遺伝子をより残せる方が得ということになる。

それでは、オスの方が多くの遺伝子を残すことができるだろうか。それとも、メスの方が多くの遺伝子を残すことができるだろうか。

オスを選んだ方が得なのか、メスを選んだ方が得なのかは、遺伝子をより多く残す重要な選択の分かれ目なのだ。


動物の場合は、オスとメスの割合は一対一となることが多い。

たとえば、性比が一対一ではなく、オスの方が多かったとしたらどうだろう。

オスが多ければ、数の少ないメスの方が有利になる。一方、オスはあぶれてしまって子孫を残せないかも知れない。

メスの方が有利だから、メスの子孫を多く残した方が遺伝子を残しやすくなる。

すると、やがて、メスの数が増えて、今度はメスの方が多くなる。

メスの数が多くなると、今度はオスの方が有利になる。

オスの方が有利だから、オスの子孫を多く残した方が遺伝子を残しやすくなる。

するとオスの数が増えて、今度はメスが有利になる。オスが得なのか、メスが得なのか、こうしたしのぎ合いを繰り返すうちに、オスとメスの割合は一対一になるのである。

「多様な性」を持つイタドリのおおらかさ

土手に上がると**イタドリ**が花を咲かせていた。イタドリもオスの株とメスの株に分かれている植物である。

それでは、オスの株とメスの株は、どちらが多いのだろう。

土手の端から端まで調べてみた。

雄株の花は、雄しべが長く突き出ているのが特徴だ。一方、雌株の花は外側の花びらが翼状に張り出している。

土手から下りる階段や、標識を目印にして、土手を七つのエリアに区分した。ずっ

と左側を見ながら、行きと帰りで往復して十四エリアである。

その結果は、どうだっただろう。

場所によって雄株ばかりのところや、雌株ばかりのところがあるが、全体的には雄株の方が多そうだ。

足し算してみると、雄株が百五十株なのに対して、雌株は四十五株だった。

おおよそ、オスとメスの割合は、三対一である。

もっとも、イタドリは雄株の花であっても雌しべを持っていたり、雌株の花であっても、雄しべを持っていることもある。

私は犬に引っ張られながらの計測だから、そこまで細かく花を観察していない。

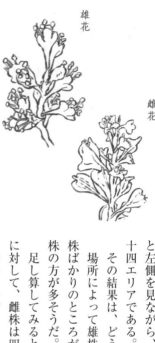

それにしてもオスとメスとに分かれているかと思ったら、オスとメスを同居させてみたりする……、何といいかげん……、いや、何と性に対しておおらかなのだろう。

おそらくイタドリにとって、オスであるかメスであるかという区別は、大した意味がないのだろう。色々な性の形を持っているということが、イタドリの生存戦略なのだ。

「動けない植物」がとったふしぎな戦略

キンモクセイやイタドリは、オスの個体とメスの個体に分かれている。

他には、イチョウの木やホウレンソウ、アスパラガスなどもオスの個体とメスの個体に分かれる植物だ。

ふつうの植物は、一つの花の中にオスの雄しべとメスの雌しべが同居している。

そのため、**オスとメスが分かれているのは、植物としては、じつに変わり者**である。

しかし、どうだろう。

人間には男と女がいる。

犬にはオスとメスがいる。

オスとメスとが別の個体に分かれているのは、動物では当たり前だ。

むしろ一つの体の中に、オスとメスとがある方がふしぎではないだろうか。


どうして、植物は一つの体の中にオスとメスとがあるのだろう。


ヒントになる動物がいる。

たとえば……、そうだ……、そこの家のブロック塀にカタツムリの殻《から》がある。カタツムリはきっと殻の中に閉じこもっているのだろう。

このカタツムリは、一つの体の中にオスの部分とメスの部分とがある。

そういえば、ミミズもそうだ。ミミズも一つの体の中に、オスの部分とメスの部分とがある。

一つの体の中にオスとメスとがあるというのは、ずいぶんと奇妙である。

どうして、ミミズやカタツムリは、一つの体の中にオスとメスとを持つのだろう？

土の中に棲むミミズや、動きの遅いカタツムリは、他の個体と出会う機会が限られている。そこで、オスとメスの区別がなく、出会った個体が何であってもペアとなることができるように、オスとメスを合わせ持つようになったのである。

それでは、植物はどうだろう。

植物は、動かない。ミミズやカタツムリほども移動することができない。そこで、ミミズやカタツムリと同じように、オスとメスとを合わせ持つようになったのである。

たとえば、オスの花とメスの花とが分かれていたとしたら、どうだろう。花にやってきたハチが、オスの花からメスの花へと花粉を運べば受粉ができるが、オスの花からオスの花へ移動したり、メスの花からメスの花へ移動したりすると、受粉ができない。

そこで、植物の花は、オスとメスとを合わせ持ち、ハチがどんな動き方をしても、受粉できるようにしたのである。

「自分の花粉で交配」を避けるための究極のかたち

しかし……、と私は考えた。

実際には、雄花と雌花を分けて持つ植物もある。

オスの株とメスの株に分かれているものがある。


どうしてオスの株とメスの株が分かれた植物があるのだろう。


植物の花が、オスとメスとを合わせ持つことには、深刻な問題がある。

自分の花粉が自分の雌しべに着いてしまうことが起こるのだ。

遺伝子タイプの近いものどうしが交配をすると、有害遺伝子が発現しやすくなってしまう。これが**近交弱勢**《きんこうじゃくせい》である。人間でいえば「近親相姦《きんしんそうかん》」と呼ばれるものだろうか。

自分と自分で交配してしまうのだから、究極の近親相姦である。

そこで植物の花は、自分の花粉で交配してしまわないように、雌しべを長く伸ばして、自分の花粉がつくのを防いでいる。

他にも、雄しべが熟す時期と、雌しべが熟す時期をずらして、自分どうしで交配しないように工夫している。

もっとも、そんなことをするくらいなら、わざわざ一つの花の中に雄しべと雌しべを持つ必要はない。そこで、オスの雄花と、メスの雌花を別々に咲かせることを選択した植物もあるのだ。

しかし、雄花と雌花を分けただけだと、自分の雄花の花粉が隣に咲いている自分の雌花に交配してしまうかも知れない。

そこで、オスの株とメスの株を分ける植物が出現したのだ。

オスとメスを一つの花の中に合わせ持つ植物も、オスの株とメスの株が分かれている植物も、それぞれ合理的な理由を持って、戦略を組み立てているのだ。

しかし……。

私は空を見た。

もっとふしぎなことがある。そもそも……。

どうして、世の中にはオスとメスとがいるのだろう。
そして、どうして人間には、男と女がいるのだろう。

「自殖」で効率よく子孫を残そうとする植物

カタツムリやミミズは、一つの体の中にオスとメスとがある。

しかし、どうだろう。

オスとメスとを合わせ持つのであれば、他の個体と出会わなくても、自分だけで子孫が作れそうなものだ。

実際に、植物は一つの花の中にオスの雄しべや、メスの雌しべがあるが、自分の花粉を自分の雌しべにつけて種子を作ってしまうものもある。

もちろん、近交弱勢の問題は残る。しかし、それでも強引に自殖を繰り返していくと、問題の生じた個体は自然と淘汰されて、結果として、自殖をしても問題のない個体だけが生き残る。こうして強引に自殖を繰り返して、自殖を発達させる植物もあるのだ。

このように、オスとメスがあるという煩雑さを克服して、効率よく子孫を残そうとする生物もいる。

それなら、わざわざオスとメスに分けなくてもよさそうな気もするが、自分だけで種子を作るような植物も、ちゃんと雄しべと雌しべに分けている。

つまり、オスとメスという性は持っているのだ。

どうして、世の中にはオスとメスとがいるのだろう。
そして、どうして人間には、男と女がいるのだろう。

「一番大きな個体」がメスになるカクレクマノミ

生物を見ていて思うことは、**男と女というのは、単なる役割でしかないということ**

だ。

たとえば、ディズニー映画の『ファインディング・ニモ』で一躍有名になったカクレクマノミは、集団の中で一番大きな個体がメスとなり、二番目に大きな個体がオスとなってペアになる。

大きな魚は卵をたくさん作ることができる。だから、大きな魚は卵を産む役割をする。

一方、二番目に大きな魚は、一番大きい魚ほど、卵をたくさん作ることができない。しかし、精子を作ることはできるから、小さな魚はオスの役割をする。

たった、それだけのことだ。

もし、一番大きな魚がいなくなれば、今度は、二番目に大きい魚がメスになる。そして、その次に大きい魚がオスとなってペアになるのだ。

映画『ファインディング・ニモ』では、ニモのお母さんは死んでしまった。

ということは、おそらくはニモのお父さんがメスの役割をするのだろう。

オスとメスは、明らかに違う存在だ。

しかし、それはしょせん役割分担に過ぎない。


どうして、世の中にはオスとメスとがいるのだろう。

そして、どうして人間には、男と女がいるのだろう。

永遠であり続けるために生物は「死」を作り出した

生物の進化を考えると、もともと生物にはオスとメスの区別はなかった。

単細胞生物は、分裂して増えていく。ただただ分裂して、コピーを増やしていくだけだ。


しかし、コピーを増やしていくだけでは、何の変化も訪れない。

もちろん、変化しなくても、まったく問題はないが、地球環境が変化をしてくると、そうもいかなくなる。

地球環境の変化に対応して、自らも変化していかなければ生き残れないのである。

大きく変化するためには、自分の遺伝子だけでは限界がある。他の個体と遺伝子を交換することで、バラエティに富んだ変化をすることができる。

そこで、生物は自らを一度、壊して、新しい個体を作り出す「スクラップ・アンド・ビルド」な方法を進化させた。

それが**「死」**である。

変化した新しい個体を作り出して、自らは死ぬ。

こうして、変化し続けることで、地球環境の変化を乗り越えて命をつないでいくことができる。

生命は永遠であり続けるために、「限りある命」を作り出したのだ。

この新しい個体の誕生を効率よく行なうために、生物はオスとメスという仕組みを発達させた。やみくもに遺伝子を交換するよりも、「遺伝子を持って動き回るオス」と「それを待っているメス」を役割分担した方が効率がよい。

しかも、オスとメスというグループ間で交配するようにすれば、自分と似た存在と交配することを防ぐことができる。

こうして、生物にはオスとメスが生まれ、死が生まれたのだ。

オスとメスの誕生は、そんな壮大な物語である。

オスとメスの誕生は、すなわち「死」の誕生である。

こんな偉大な発明の前に、「男だから」とか「女だから」とかとやかく言うのは、もはや無粋だ。

わが家の犬はメスだが、とても活発だ。おまけにメスのくせに、オシッコをするときには片足を上げる。

他の犬と会うとはしゃいで飛び跳ねるので、ワン友の間では、「おてんば」で通っているが、それも人間の勝手な見方だろう。

私は空を見た。

（わぁ、彩雲《さいうん》だ！）

彩雲は、雲が虹色に輝いている現象だ。

気象にくわしい人に言わせると、彩雲は虹より頻繁に見られるらしい。

しかし、空を見上げることのない現代人は、それに気づかないのだという。

虹色は日本では七色である。

外側の赤色と内側の紫色は明らかに違う色だ。

しかし、どこで分かれているかというと、はっきりとした分かれ目はない。

赤色から紫色がグラデーションで並んでいるのだ。

見ているうちに、彩雲の虹色は次第に薄くなって、ついには消えてしまった。

まぁ、「男らしく」「女らしく」なんて、しょせん人間の作り出した幻想に過ぎないのだ。

9章

なぜ、紅葉はあれほど美しいのか

……葉っぱが赤く色づく「哀愁のメカニズム」

わが家の犬は赤信号を理解することができない。

信号が赤に変わっているのに、ぐいぐいリードを引っ張って道路を渡りたがる。

犬は、赤い色が見えないと言われている。

ただし、視力の弱い人を補助する盲導犬は、赤信号を理解して、停止する。

犬は赤色が見えないのに、盲導犬はどうして赤信号がわかるのだろう。

じつは盲導犬は、歩行者信号の赤の位置を覚えているらしい。


歩行用の信号は、止まれの信号が上に位置している。

「止まれ」と「進む」では、「止まれ」の指示の方が重要である。

進めを無視して止まっていても危険はないが、止まれを無視して進んでしまえば事故になりかねない。

「止まれ」の方が重要だから、信号の高い位置にある。

そして、「止まれ」は重要だから、「止まれ」の信号は赤色なのである。

赤色はもっとも目立つ色である。

赤色は波長が長いので、遠くまで届く。

遠くまで届くということは、遠くからも見えるということなのだ。


人間にとっては一番目立つ色なのに、犬は赤色を認識しないというのは、本当にふしぎだ。

もっとも、赤色を認識しないのは、犬だけではない。ほとんどの哺乳類は赤色を見ることができないという。

たとえば、闘牛の牛は闘牛士が振る赤い布に向かって興奮して突進するが、じつは赤色が見えているわけではない。実際には、動いている布に反応して向かっていっているだけである。

牛には見えないのに、闘牛士が赤い布を振るのは、観衆である人間を興奮させるためであると言われている。

私たち人間は、赤い色を認識することができる。

ほとんどの哺乳類が赤色を見ることができないとすれば、変わっているのは人間の方なのだ。

「赤色」は熟した果実の甘いささやき

多くの哺乳類が赤色を認識できないのには理由がある。

哺乳類の祖先は、夜行性の生物として進化を遂げた。恐竜が闊歩《かつぽ》する時代、哺乳類は恐竜に脅《おび》えて生き延びる、か弱い存在だった。そして、恐竜の目を避けるように大型の恐竜が活動をしない夜間に活動する道を選んだのである。

そのため、「目」も暗闇で感度を上げるように進化を遂げた。

暗闇で目立つ色とは、白っぽい色である。逆に赤色は暗闇ではまったく見えない。そのため、暗いところで物が見えるように進化を遂げる過程で、赤色を識別する遺伝子を淘汰してしまったのだ。

犬や牛などのすべての哺乳類は、その祖先から進化をした。そのため、多くの哺乳類は赤色を見ることができないのだ。

高台の道から公園を見下ろすと、木の葉が赤く色づいている。

かわいそうに、犬はこの美しい紅葉を見ることができないのだ。

私たち人間も哺乳類である。

それなのに、私たちは赤色を認識することができる。

人間も犬と同じ祖先から進化をした哺乳類なのに、どうして私たち人間は赤色を見ることができるようになったのだろう。

哺乳類の中で赤色を識別することができるのは、霊長類と呼ばれる猿の仲間だけである。

チンパンジーやオランウータンなどの霊長類は、森の中で熟した果実をエサにしている。おそらくは、私たち人類の祖先も森の中で果実を食していた。

熟した果実は、赤く色づく。

霊長類にとって赤色を認識できることは、生存する上で極めて有利な能力となる。

そのため、霊長類は、一度は失ってしまった赤色を認識する能力を、再び取り戻したのである。

「赤」は植物の果実の熟した色である。

まだ熟していない果実は緑色をしている。

植物の葉っぱは緑色をしているから、緑色の果実はまるで目立たない。

一方、赤色は緑色とは補色の関係にあるから、緑色の葉っぱの中の赤い果実はとても目立つ。しかも、赤信号と同じように、赤い光の波長は遠くまで届くから、赤色は遠くからでも識別できる色である。

植物の果実にとって、緑色は「目立ちたくない」、赤色は「目立ちたい」、というサインなのである。

熟した果実は、赤色をして目立たせる。

それでは、誰に対して目立たせているのだろうか？

植物が赤い色で「猛アピール」する相手

植物たちが赤色で猛アピールをしている相手、それは鳥である。

鳥は熟した果実を食べる。

ただし、鳥には歯がないから、果実は噛《か》まれることなく呑み込まれる。そして、果実といっしょに中にある種子も呑み込まれるのだ。

やがて、内臓器官の中で果実は消化されるが、固い種子は消化されることなく胃腸を通り抜ける。そして糞といっしょに体外に排出されるのだ。

種子が胃腸を通り抜けて排出されるまでの間に、鳥は遠くまで移動している。

こうして、動けない植物は、鳥の移動によって種子を遠くまで散布するのである。

熟した果実は食べられたい。しかし、未熟な果実は、種子も成熟していない。そのため、鳥に食べられないように目立たない緑色となり、果実も渋味や苦味を持って、食べられないようにしているのだ。

「赤色は食べられたい」「赤色は甘くておいしい」これが鳥と植物とが交わした約束事である。

そして、果実をエサにした私たちの祖先も、このサインを理解して、赤い果実を識別できるようになったのだ。

なぜツバキは花びらを散らさず「花ごと落ちる」？

赤色で鳥を呼び寄せるのは、植物の果実だけではない。

たとえば、ハイビスカスに代表されるように熱帯に咲く花は赤い色をしたものが多い。

熱帯ではハチドリと呼ばれる小型の鳥が、花の蜜《みつ》を吸いにやってきて花粉を運ぶ。そのため、鳥に目立つように赤い色をしているのである。

一方、日本は湿度が高いので、虫がたくさん発生する。鳥たちは虫を捕らえるのに夢中で、花の蜜には見向きもしない。そのため、**日本では鳥に花粉を運んでもらう植**

物は少ないのである。

しかし、日本にも赤く咲く花がある。

たとえば、ツツジは赤色や桃色をしている。

これらの花はアゲハチョウを呼んでいる。アゲハチョウは飛ぶ力が強く、昆虫の中では遠くから飛んでくる。

そのため、遠くから目立つように赤い色をしているのである。

また、日本にも鳥に花粉を運んでもらう植物がある。

たとえば、**ツバキ**は赤い花が印象的だ。

ツバキが咲くのは冬である。夏の間は鳥にとってエサになる虫が多いが、冬には虫が少ない。そのため、メジロなどの鳥は蜜を求めてツバキの花にやってくる。そして、花粉を運んで受粉を助けるのである。

メジロが蜜を求めて花の中に頭を突っ込むと、頭に花粉がつく。こうして、メジロが花から花へと飛び交うことで、花粉が運ばれるのである。

ただし、鳥は頭がいいから、何とか花粉まみれにならずに蜜が得られないかと考える。ずるい輩《やから》は、花の横をくちばしでつついて、何とか蜜だけせしめようとする。そんなことをされてはかなわないから、ツバキは花のまわりをしっかりとガードする。

植物の花は咲き終わると花びらが散って落ちるが、ツバキは花びらを散らすことなく、花ごと落ちる。首が落ちることを連想させて、縁起が悪いとも言われるが、**ツバキが花ごと落ちるのは、花の根元を鳥のくちばしから固くガードしているため**である。

そういえば、あそこの家のナツツバキはもう散ってしまっただろうか。

ナツツバキはツバキとは別種ではあるが、ツバキに似ていることから、ナツツバキと呼ばれている。その名のとおり、夏に咲くツバキだ。ナツツバキは夏に咲くので、茂った葉っぱの暗がりでも目立つように、白色をしている。

そして、昆虫に花粉を運んでもらうので、花の根元をガードする必要はない。そのため、花が終わると、ハラハラと花びらを散らせていく。

私は空を見た。

夏の夕空が、だんだんと赤く染まっていく。
あかね色に染まる夕焼け雲がとてもきれいだ。
犬も私と同じようにじっと西の空を見ている。
しかし……、と私は思った。
犬にはこのあかね色が見えないのだ。
いったい、犬には、どのような風景に見えているのだろう。

秋になると「葉が赤く色づく」のはなぜか

そういえば、高台から見えるあの公園に、大きなもみじの木が一本あったはずだ。
今年もそろそろ色づいている頃だろう。見に行ってみることにしよう。
もっとも、もみじという植物はない。もみじは漢字では「紅葉」と書く。つまり、葉っぱが赤く色づくことだ。

「真っ赤なもみじの葉っぱ」という表現は「頭痛が痛い」や「馬から落馬」と同じような重複表現である。

ただし、赤く色づく葉っぱの代表である**カエデ**の仲間が、一般的に「もみじ」と呼ばれている。カエデの名前は、「カエルの手」に由来している。「もみじのような手」と形容されることがあるが、その形容のとおり、カエデの葉っぱは、手の指のように深く裂けている。宮島名物の「もみじまんじゅう」の形は、カエデの葉っぱだ。

カエデだけではなく、秋になるとさまざまな葉っぱが赤く色づく。

この赤い色は、植物の色素であるアントシアニンである。

アントシアニンは、植物がストレスに対抗するために持つ物質である。

たとえば、アントシアニンは病原菌の感染を防ぐ抗菌作用や、紫外線を防ぐ効果などがある。しかし、秋が深まってくると、気温の高かった夏に比べて病原菌も少なくなるし、太陽光も弱くなる。秋になってから、アントシアニンを蓄積する必要はない。

確かに、アントシアニンは寒さに耐える効果もある。

冬を迎える季節に葉にアントシアニンをためることには、合理的な意味があるようにも思える。

しかし、どうだろう。

紅葉した葉は、やがて落ちてしまう葉である。

寒い冬になれば落ちてしまうような葉っぱに、アントシアニンを蓄積する必要があるのだろうか？

私は、一枚の葉っぱに思いを馳せてみた……。

葉っぱは「糖」の生産工場

葉っぱは光を浴びて光合成を行なう器官である。

夏の間、強い日差しの中で葉っぱたちは、盛んに光合成を行なってきた。

光合成は、太陽エネルギーによって、二酸化炭素と水から、生きるための栄養とな

る**糖を作り出す作業**である。

光合成の過程は、大きく二つに分かれていて、最初の過程では太陽エネルギーを取り込んで、エネルギーを作り出す。そして、次の過程でそのエネルギーを使って回路を回して、二酸化炭素と水から糖分を作り出していく。

たとえれば、屋根に太陽光パネルを持っていて、そのエネルギーで機械を動かす工場のようなものだ。

太陽の光が強くなれば、得られたエネルギーで工場は、どんどん回路を回し、生産性を高めていく。また、光合成の化学反応は、酵素を利用した反応なので、気温が高いと酵素が活性化して、生産量は高まる。

夏の間は、生産工場は大忙しだ。

そして、光合成で作り出した糖分で、植物はぐんぐんと成長し、そして、葉っぱを増やして、ますます生産を拡大していくのだ。

まさに右肩上がりの生産である。

秋——「光合成をすることしか知らない」葉っぱの宿命

しかし、こうした好景気はいつまでも続かない。

夏が終わり、秋になれば気温が下がってくる。太陽の光も弱まってくる。

すると、光合成の生産量は、だんだんと陰りが見えてくるのだ。

それでも、気温の低下は止まらない。


やがて冬が近づいてくる。

冬になれば雨も少なくなり、乾燥した日も続く。

それでも、葉っぱの工場は休むことを知らない。限られた水と、限られた太陽の光で、低い気温の中でも懸命に光合成回路を回し続ける。

そんな工場には、太い幹から枝を通して、水が供給され続ける。


しかし、葉っぱの懸命の働きにもかかわらず、もう気温が上がることはない。夏の太陽も戻らない。

やがて、恐れていたことが起こる。

幹から水が供給されても、葉っぱは期待されるような生産を行なうことができなくなってしまったのである。

そして、ついに幹はある決断をした。

工場の切り離しである。

植物は、枝と葉っぱの間に**「離層」**という細胞の壁を作る。そして、枝と葉っぱとの水分や養分のやりとりを遮断するのだ。

「離層」は「リソウ」と読む。どこか「リストラ」という響きにも似たこの壁によって、葉っぱは幹から遮断される。そして、水の供給がストップしてしまうのだ。

しかし、葉っぱの役割は、回路を動かし、光合成を行なうことだけである。

葉っぱは光合成をするための器官であり、光合成をすることしか知らない。

水の供給が止められた後も、葉っぱは光合成の回路を動かし続ける。

「寒さに耐えるため」に作り出される紅葉

私はため息をついた。

葉っぱとは、何とけなげな器官なのだろう。

下がりゆく気温の中で、葉っぱは光合成を続ける。

しかし、枝と葉っぱの間には離層という壁がある。頑張って作った糖が、植物の本体に送られることはない。

作られた糖分は、行きどころもなく葉っぱの中にたまっていく。

気温はますます下がっていく。

気温が下がると光合成の本体であった**「葉緑体」**は寒さによって壊れていく。

葉緑体は、緑色をしている。そのため、葉緑体が数を減らしていくと、鮮やかだった葉っぱの緑色は、色あせていく。

気温はますます下がっていく。

そして、太陽光を吸収していた葉緑体がなくなると、紫外線が葉っぱの細胞を傷つけるようになる。

このストレスから身を守るために、植物の葉っぱは糖を原料として、ストレスから身を守る物質を作り出す。

それが、**「アントシアニン」**である。

葉緑体が失われゆく中でも、葉っぱは光合成をやめようとはしない。

それがほんのわずかであっても、最後の最後まで糖を作り続ける。

そして、その生産活動を守り続けるために、アントシアニンで身を守ろうとするのだ。

こうして葉っぱは赤く色づいていく。

昼の気温が高くて、夜の気温が下がると紅葉は美しいと人は言う。

昼の気温が高ければ、葉っぱが光合成を行なう。そして、夜の温度が下がれば、葉っぱは寒さに耐えるために、糖をアントシアニンに変えていく。

命が尽きるその瞬間まで、葉っぱは自らの使命に従順である。

この命の輝きが、美しい紅葉となって、私たちの目に映るのだ。

やがて、離層によって葉っぱは完全に枝から切り離される。

そして、落ち葉となって地面へと落ちていくのだ。

こうしてお荷物となった葉を落とすことによって、植物本体は厳しい冬を乗り切ることができる。

やがて春には新しい葉をつけることだろう。

自然も社会も「非情」でなければ生き抜けない？

ざっと、これが色づいた一枚の葉っぱの物語である。

私は空を見た。

働くだけ働かされて、いらなくなったら、捨てられる。

会社なんてそんなものだし、社会だってそんなものだ。

（少し空想が過ぎただろうか……）

私は苦笑した。

カエデの葉っぱは赤く色づいている。

私は赤いカエデの葉を見ながら、何だか切ない気持ちになった。
きっと、この切ない気持ちも犬にはわからないのだろう。
犬は何という気楽な生き物なのだろう。
許されるなら、今度は犬に生まれ変わりたいものだ。

私の考えたことがわかったのだろうか。
犬はふしぎそうに私を見つめていた。

10章

植物が「季節を間違えない」仕組み

……ヒガンバナがぴったりお彼岸に咲くワケ

どこから摘んできたのだろう。
子どもたちが**ヒガンバナ**を持って歩いている。

（もうすぐお彼岸なのか……）

まだ残暑が残るが、暑さ寒さも彼岸まで、である。

どこかでヒガンバナが咲いているということは、季節は確実に夏から秋へと移り変わろうとしているのだ。

散歩をしていると、そんな季節の移り変わりを実感することができる。

子どもたちはヒガンバナを持って、とてもうれしそうだ。

きっと、きれいな花だからと、お母さんへの大切なお土産にするために摘んできたのだろう。

子どもたちのお母さんは「きれいなお花だね」と喜んでくれるだろうか。

私は少し、心配した。

子どもたちは真っ赤なヒガンバナに惹《ひ》かれるが、大人の中にはヒガンバナを毛嫌いする人もいる。

中には「ヒガンバナには毒があるから、さわってはいけない」と思っている人もいる。

これは迷信である。

ヒガンバナには毒があるが、それは「食べてはいけない」という話である。「さわってはいけない」ということはない。

しかし、ヒガンバナは妖艶《ようえん》な赤い花があまりに毒々しい感じがするので、忌《い》み嫌われてしまうのだ。

真っ赤な花が、燃えさかる炎を連想させるのだろうか。

「彼岸花を摘むと家が火事になる」という言い伝えもある。ひどい嫌われようだ。

まさか、子どもたちのお母さんがそんな信心を持っていないことを願うのみである。

ヒガンバナの「不吉なイメージ」の由来

ヒガンバナに不吉な言い伝えが多いのは、お寺や墓地など、気味の悪い場所に生えていることも理由かもしれない。

ヒガンバナは漢字では「彼岸花」。お墓参りに行く秋のお彼岸に咲くことから彼岸花と名付けられた。

彼岸とは「あの世」のことである。つまりは死後の世界の極楽浄土のことだ。

極楽浄土は西方浄土と呼ばれるように、西の彼方にある。彼岸は太陽が真東から昇り、真西の方角に沈む。そのため、彼岸には「この世」と「あの世」がもっとも近づくと考えられているのだ。

彼岸は先祖に思いを馳せて、お墓参りなどをする時期だ。そんな時期に墓地に咲くヒガンバナは、あの世の風景を連想させたのだろうか。ヒガンバナには、「死人花」という別名もある。

美しい花にはふさわしくない……、と言いたいところだが、ヒガンバナの真っ赤な花はどこか「死人花」の名がふさわしいようにも思える。
美しくも、不吉なイメージのある花だ。

もっともヒガンバナが墓地に生えているのには理由がある。

昔は墓地に遺体を土葬した。ヒガンバナは球根に毒があることから、遺体が動物に荒らされないように、墓地にヒガンバナを植えたと考えられている。

また、墓地は盛り土した高台に設けられることが多い。そのため、モグラやネズミが地面に穴を空けて、土手が崩れるのを防ぐ効果があると言われている。

さらにヒガンバナは、球根が地面の上に露出しないように、牽引根《けんいんこん》という根っこで地面の下へ下へと球根を潜らせる。この牽引根によって、地面が引き締まる効果があるのだ。

そのため、**ヒガンバナは墓地やお寺など、崩れてはいけないような場所に植えられているの**だ。

飢饉や災害の際の「非常食」となった球根

じつはヒガンバナがお寺や墓地に植えられているのは、遺体を守ったり、土砂が崩れたりするのを防ぐためだけではない。

そのヒントとなるのが、「彼岸花を摘むと家が火事になる」という迷信だ。

これに似た言葉で、「ツバメを殺すと家が火事になる」という言い伝えがある。

ツバメは田んぼの害虫を食べてくれる大切な鳥である。そのため人々は、ツバメが幸福をもたらす存在だと考えて、家の軒先に巣を作ることを許していた。そして、子どもたちがツバメにイタズラをしないように、「ツバメを殺すと家が火事になる」と脅したのだ。

ツバメが大切な存在だからこそ、「ツバメに手を出してはならない」と伝えたのである。

ということは、「摘むと火事になる」と言われたヒガンバナも、本当は大切な存在だったのではないだろうか。

そのとおり、ヒガンバナは、かつては大切な存在だったと考えられている。ヒガンバナの球根は毒があるが、水にさらして毒を抜けば良質なデンプン質を持つ食料となる。そのため、飢饉《ききん》や災害のときの**救荒食《きゅうこうしょく》として利用**されてきたのである。

つまりは非常食だ。

非常食だから、避難場所のような場所に植えられた。

お寺や墓地は、高台の安定した地盤のところに位置している。そのため、お寺や墓地のあるところには、ヒガンバナがたくさん植えられたのだ。

ゆるい坂道を上った地蔵堂の土手に、ヒガンバナが群生しているのを見つけた。もしかしたら、この場所も水害のときには、人々が逃げ集う場所だったのだろうか。

「種子を作れない」のに分布が広まった謎

ヒガンバナは、謎が多い雑草である。

じつは、**ヒガンバナは種子ができない。**

通常の植物は染色体を二本一組で持っている。花粉や、種子の基になる胚珠《はいしゅ》を作るときは、この二本一組の染色体を二つに分ける。

ところが、**ヒガンバナは染色体を三本一組で持っている。そのため、二つに分けることができず、正常に種子ができない**のである。

ヒガンバナは種子を作ることができない。

しかし、ヒガンバナはあちらこちらに咲いている。

種子ができないのに、どうしてヒガンバナは分布を広げていったのだろうか？

ヒガンバナは中国原産の植物である。

じつは原産地である中国には、種子を作る二倍体のヒガンバナもある。

ところが、どういうわけか、日本には種子を作らない三倍体のヒガンバナだけが広がっているのである。

これは、どういうことなのだろう。

なぜ種子のできない「三倍体」を中国から持ち込んだ？

じつは、ヒガンバナは人間の手によって各地に植えられていった。しかも、種子を作らない三倍体が選ばれて日本に持ち込まれ、植えられていったと考えられるのである。

では、どうして種子のできない三倍体をわざわざ選んだのだろう。

二倍体は種子を作るためにエネルギーを費やす。一方、三倍体はどうだろう。三倍体は種子を作らないので、余ったエネルギーを使って球根を太らせる。

そのため、二倍体よりも三倍体の方が、球根が大きくなるのである。ヒガンバナは球根を食用にする。

そのため、二倍体よりも、三倍体の方が食用に適しているのだ。こうして食用に適した三倍体のヒガンバナが選ばれて、古い時代に日本に伝えられた。そして、全国各地に植えられていったのである。

ヒガンバナは食用にするために、日本に持ち込まれて、植えられたものである。

ヒガンバナが私たちの暮らす人里に近いところに見られるのは、そのためなのだ。

各地で咲いているヒガンバナは、元をたどれば、すべて人の手で植えられたものである。

本当だろうか?

ヒガンバナは歴史の浅い場所にも生えている。

たとえば、ほら……。

砂利を敷いただけの駐車場の片隅に、ヒガンバナが咲いているのを見つけた。この駐車場の片隅に誰かが植えたとは思えない。

あるいは、この場所はどうだろう。

電車が通るこの踏切の横にも、ヒガンバナが咲いている。

この線路は大昔からあったわけではないだろう。

こんなところに、誰かが植えたとも思えない。

しかし、ヒガンバナは種子を作らない。誰も植えていないところに、生えることはできないのだ。

駐車場を造成するために、土は動かされる。

鉄道の工事をするために、どこからか土が運ばれてくる。

おそらくヒガンバナの球根は、その土の中に混じっていたのである。

時を超えて「土地の歴史」を伝えるふしぎな花

ヒガンバナの球根は、リン片と呼ばれる断片が集まってできている。ちょうどニンニクのような感じだ。ニンニクの一片一片がリン片と呼ばれるものである。土が動かされるとリン片がバラバラになる。そして、そのリン片が再生してヒガンバナが花を咲かせるのだ。

それがどんなに歴史の浅い土地だったとしても、そのヒガンバナの球根は、元は誰かが植えたものである。

ヒガンバナは時を超えて、その土地の歴史を伝えているのだ。


(まぁ、理屈はそうだけれど……)

私は空を見上げた。


ヒガンバナは、イネよりも古い時代に日本に伝えられたと言われている。

あちらこちらで咲いているヒガンバナが、元をたどれば中国から持ち込まれたもので、そしてそれを食料や救荒食にしようとした古人《こじん》たちの手によって植えられていったなんて……、あまりに壮大な話で信じられない気もする。

ヒガンバナは本当にふしぎな花だ。

植物は何を手がかりに季節を知るのか

それにしても、今年は例年になく残暑が厳しい。

私は目を細めて、照りつける太陽を見た。恨めしいほど、強い日差しが降り注いでいる。

真夏に比べれば涼しくなったとはいえ、まだまだ日差しは強い。遠くの方にはまだ入道雲らしき夏の雲も見える。

秋の気配は、まったく感じられないが、もうすぐ彼岸の入りである。

「暑さ寒さも彼岸まで」とは言うが、今年の暑さはもうしばらく続きそうである。

ヒガンバナは、秋の彼岸の頃に咲くことから、「彼岸花」と呼ばれている。

今日も天気予報は真夏日の予想だが、ヒガンバナが咲いているということは、確実にお彼岸の時期が近づいているということだ。

それにしても、ふしぎである。

どうして、ヒガンバナは毎年、決まったようにお彼岸の時期に咲くのだろう。

季節の花は、季節の移ろいを感じさせてくれる存在である。

春には春の花が咲き、夏には夏の花が咲く。そして、秋には秋の花が咲くのだ。

植物は、どのようにして季節がわかるのだろう。

植物が季節を知る手がかりの一つが、**「日の長さ」**である。

たとえば、夏には日が長くなる。一方、冬には日が短くなる。

日の長さを感じることで、植物は季節を知ることができるのだ。


日の長さを目印にすることのメリットは、気温に左右されないことである。

たとえば、年によって暑い夏もあれば、冷夏の年もある。気温だけでは季節を判断することは難しい。一方、日の長さは毎年決まっているから、日の長さを目印にすれば、猛暑の年も、冷夏の年も、同じ時期に花を咲かせることができるのである。

日の長さが短くなると花を咲かせる準備をする植物を**「短日植物」**と言う。

一方、日の長さが長くなると花を咲かせる準備をする植物を**「長日植物」**と言う。

もっとも、日の長さというが、**植物は実際には夜の長さの方を感じているらしい**。

たとえばアサガオは、夏至を過ぎて夜の長さが一定時間以上にまで長くなると、それを感じて花を咲かせる準備をする。こうして、夏休みが始まる頃から花を咲かせ始めるのだ。

ヒガンバナは、毎年、決まって秋の彼岸の時期に測ったように花を咲かせる。

ということは、ヒガンバナも日の長さで季節を感じるのだろうか。

ところが、話はそんなに単純ではない。

「葉見ず花見ず」という別名の由来

植物は、日の当たる時間と日の当たらない時間を葉っぱで感じている。


ところが、咲いているヒガンバナを見ると葉っぱがない。

地面から茎が伸びていて、その先端に赤い花だけがついている。

ヒガンバナが咲いている様子は、この世のものとは思えないような風景を作り出すが、ヒガンバナがどこか奇妙に見えるのは葉っぱがないからなのだ。

ヒガンバナは冬の間、葉っぱを広げている。こうして光合成をして、球根の中に栄養分を蓄えていくのだ。

その葉っぱは翌年の夏までに枯れてしまう。そして、秋のお彼岸の頃になると球根の中の栄養分を使って茎を伸ばし、花を咲かせるのだ。

このようにヒガンバナは、葉っぱが出ている時期と、花を咲かせる時期をずらしている。葉っぱの時期には花がなく、花の時期には葉っぱがないことから、葉は花を見ることができない、花は葉を見ることができないという意味で、**「葉見ず花見ず」**という別名がヒガンバナにはある。


植物が日の長さを感じるのは、葉っぱである。

しかし、ヒガンバナが咲く時期には、その葉っぱがないのである。

ヒガンバナが彼岸の時期を知るために、日の長さを目印にすることはできないのだ。

もっともヒガンバナが彼岸の時期に咲く理由については、すでに研究が行なわれている。

夏の地面の温度の上昇によって花を咲かせる準備を進めて、秋の温度の低下によって、花を咲かせるらしいのだ。

確かに猛暑の年と、冷夏の年でヒガンバナの咲く時期はずれるような気もする。

しかし……、理屈では理解できても、やはりふしぎである。

多少のずれはあっても、ヒガンバナは決まってお彼岸の頃に咲く。

ヒガンバナを見つけて、「もうお彼岸か」と気づかされるのが、毎年のことだ。

カレンダーを持っている私たちでも、季節を忘れてしまうことがあるのに、ヒガンバナが、温度だけで季節を間違えないなんて、本当にふしぎだ。

私は空を見た。

犬はそんな私をふしぎそうに見上げていた。

11章

なぜ、すべての命に限りがあるのか

……植物は死を恐れていない？

犬は幼児くらいの知能はあるという。

「お散歩行こうか？」と言うと、「お散歩」という言葉に反応して、狂ったように喜ぶ。

それにしても、散歩というものは、そんなに楽しいものなのだろうか。

散歩しか楽しみがないなんて、犬というのは何というつまらない生き物なのだろう。

私は苦笑した。


道の途中で、珍しい白い**キツネノマゴ**を見つけた。

キツネノマゴの花は、ふつうはピンク色である。ところが、ときどき白い花を咲かせていることがあるのだ。

図鑑によってはシロバナキツネノマゴと呼んでいるものもあるが、キツネノマゴの中の突然変異なのだろう。

このような白い花は、他の植物でも見かけることがある。

身近な雑草では、ホトケノザやツユクサでも白い花を見つけることがある。

植物はさまざまな色素で、花を色づかせている。その色素がなくなると、細胞の中の空気の層が光を乱反射して、花びらを白く見せる。「白花《しろはな》」と呼ばれる種類は、おそらくは**色素を失った突然変異株**なのだろう。


動物の中でも色素を失った突然変異は現われる。

たとえば、ライオンやトラの中にはときどき色素を持たない白い個体が出現して、ホワイトライオンとか、ホワイトタイガーと呼ばれて珍重される。

このような色素を失った突然変異は、一般には**「アルビノ」**と呼ばれる。

白い個体は自然界では目立つので、敵に襲われたり、獲物に気づかれたりしやすい。

そのため、自然界を生き抜く上で白い個体は不利である。

しかし、人間は「珍しい」と喜ぶので、サーカスや動物園などでは白い個体は大人気だ。

その昔は、珍しい白い個体は「神さまの使い」として扱われてきた。

白蛇と呼ばれるヘビは、アオダイショウという種類のヘビが色素を失ったものだ。

自然界では不利な「白い個体」が珍重されてきたワケ

白い個体は自然界では不利であるが、人間は喜ぶ。そのため、人間は白い個体を大切にしてきた。

たとえば、ウーパールーパーの名前で知られるアホロートルや、実験動物としても用いられるアフリカツメガエルは野生のものは白くないが、ペットとして好んで飼われるのはアルビノの個体である。

そういえばウサギやハツカネズミも、もともとは白くはないが、ペットとして飼うものは白い。

ヤギやヒツジも家畜の種類は白いが、野生種は黒色や茶色の毛をしている。

馬も白馬は好まれる。プリンセスのところにやってくるのは、白馬に乗った王子さまだ。

そういえば、私たちが食べる米も白い。

米はイネの種子である。

もともと、米はアントシアニンという赤い色素を含んでいた。俗に「古代米」と呼ばれる赤い米がそれである。しかし、白い米は神聖なイメージがあることから、色素のない米が選抜されてきたのである。

一説によると、おめでたい儀式のときに食べる赤飯は、古くからの赤米《あかまい》のご飯を再現しているのではないかとも考えられている。

最近では、健康志向から緑色の野菜が好まれる傾向もあるが、野菜の中にも白いものはある。カリフラワーも白いし、アスパラガスにもホワイトアスパラがある。エノキダケやマッシュルームにも白いものがある。

突然変異――「何が幸いするか」は環境しだい

そういえば、わが家の犬も白い。

犬の中でも洋犬ではマルチーズやスピッツ、プードルなどは白色だし、和犬では、紀州犬などは白いのが特徴だ。

犬の祖先はオオカミである。

もし、白いオオカミなどいれば、それはジブリ映画の『もののけ姫』に登場するような神である。しかし、白いオオカミはほとんどいない。白い個体は、たとえ生まれてきても自然界で目立つので、敵に襲われたり、獲物には逃げられたりする。そのため、ふつうのオオカミよりも、生き抜くことが難しいのだ。

一方、白い犬はありふれている。

わが家の犬など、神とはほど遠い、ただの雑種の犬だが、それでも色は白い。

それは、人間が白い個体を好んで、選び抜いてきたからなのだ。

白いということに、あまりメリットはない。

しかし、自然界では、意味があるない、にかかわらず、さまざまな突然変異が生まれる。環境が変われば、何が幸いするかはわからないからだ。

たとえば雑草では、除草剤が効かなくなるという突然変異が生まれる。

こんな変異は、除草剤がない昔には何の価値もない。しかし、意味のなさそうな突然変異も常に生まれていれば、「除草剤」というおよそ自然界では起こりえないようなリスクに対しても、対応できるのである。

花の色はなぜ「植物の種類」によって違う？

土手に出ると白いヒガンバナが咲いていた。

これは**シロバナマンジュシャゲ**と呼ばれる、ヒガンバナとは別の種類の植物である。白いキツネノマゴは突然変異だったが、植物の中にはもともと色素のない白い花を咲かせる植物もある。

花の色は、植物の種類によって決まっている。

黄色い花もあれば、紫色の花もある。

それぞれの色を好む昆虫がいるから、植物もそれらの昆虫にアピールするために色を決めているのだ。たとえば、黄色い花にはアブの仲間がよく集まるし、紫色の花にはミツバチなどのハチの仲間がやってくる。

ヒガンバナのような赤い花には、アゲハチョウのような大型のチョウが訪れる。

それでは、白い花はどうだろう。

草木の茂った暗いところでは、赤い色よりも白い色の方が目立つ。

シロバナマンジュシャゲの白色は、緑色の濃いところで力を発揮するのかもしれない。


土手の先のお地蔵さんのところには、真っ赤なヒガンバナが咲いていた。

ヒガンバナは別名を**「曼珠沙華《まんじゆしやげ》」**と言う。

曼珠沙華は、サンスクリット語で「赤い花」を意味する言葉らしい。

曼珠沙華は天界に咲く花で、おめでたい兆《きざ》しとして天から降ってくる四華《しけ》の一つとされている。

そういえば、彼岸花の「彼岸」も、「この世」を「此岸《しがん》」というのに対して「あの世」という意味だ。

あの世と呼ばれる天国にも、ヒガンバナの咲く風景が広がっているのだろうか。

なぜヒトだけが死ぬのを恐れるのか

それにしても……、と私は考えた。

私たちは死んだらどうなるのだろう。

死んだら三途《さんず》の川を渡って、閻魔《えんま》さまのところに行くと聞いたことがある。

私たちは死ぬのが怖い。

犬は死ぬのが怖くないのだろうか。

足下にミミズが干からびて死んでいる。

道ばたの草を見ると、病原菌に感染したであろうバッタが、葉っぱをつかんだまま干からびていた。

すべての生物が最後には死ぬ。

命あるもののすべてが、最後には死ぬ。

この世が生命にあふれているとするならば、同じだけ死にもあふれているのだ。

ミミズやバッタは死ぬのが怖くないのだろうか。


私たちは死ぬのが怖い。

死に向かって老いることも怖い。


犬はどうなのだろう。

死ぬことは怖くないのだろうか。

老いることも怖くないのだろうか。


犬は人間ほど頭がよくない。

きっと、「生きること」とか、「死ぬこと」とか、そんなことまで頭が回らないのだろう。

犬と違って、私たち人間は、頭がいい。

いや、もしかすると頭がよすぎるのだろうか。死んだらどうなるかを考えてみたり、生きることの意味を考えてみたりする。そして、その挙げ句、悩んだり、苦しんだりしてしまうのだ。

犬は当たり前に生きて、当たり前に死んでいく。

ミミズも当たり前に生きて、当たり前に死んでいく。
バッタも当たり前に生きて、当たり前に死んでいく。
生き物は生きて死ぬ、ただ、それだけのことだ。

たった、それだけのことである。
しかし、おそらくは、たったそれだけのことが素晴らしいことなのだ。

きっと人間は頭がよすぎるのだろう。
ついつい余計なことを考える。

そして犬やバッタでもできるような、「たったそれだけのこと」ができないのである。

最近では犬もお葬式をしたり、お墓を作ったりするらしいが、犬も死んだら、天国へ行くのだろうか……。

そうだとすると、ミミズやバッタも天国に行くのだろうか……。

私は空を見た。

そういえば、落語の「元犬《もといぬ》」という噺《はなし》によれば、白い犬は来世に人間に生まれ変わるのだという。

わが家の犬は白い。

そうだとすれば、何という幸せな犬なのだろう。

土手を下りた向こうにも、一面に真っ赤なヒガンバナが咲いているのを見つけた。

そういえば、犬は赤色が見えなかったっけ。

あの世とか、この世とか、犬にはまるでわからない世界なんだろうなぁ。

私は苦笑した。

犬という生き物は、しょせん「散歩しか楽しみがない」つまらない生き物なのだ。

もし「聞き耳頭巾」で動植物の声が聞こえるなら――

電柱の上でカラスたちが何やら激しく騒いでいる。

そういえば、カラスはこの世とあの世を行き来する存在と考えられていた。

カラスが騒ぐと死人が出るという迷信があるのは、そのためである。

実際にはカラスが鳴くと、赤ちゃんが生まれる兆しという言い伝えもあるが、どうしても「死を告げる」というイメージの方が強い。

それは無理もないことだろう。カラスが騒いでいるのを耳にするのは、あまり気味のよいものではない。

それにしても、いったい、何を騒いでいるのだろう。

そういえば、日本昔話に、「聞き耳頭巾《ずきん》」という話があった。

その頭巾をかぶると、鳥やけものの話すことがわかるというお話だ。

もし、動植物たちの声が聞こえるとしたら、いったい、どんな話をしているのだろう。

そして、季節と共に命は巡りゆく

「やれやれ」

私の近くで声がしたような気がした。

見渡してみたが、私の他には誰もいない。

まさか、カラスの声でも聞こえるようになったのか……。

しかし、どうやら、カラスではなさそうだ。

私の足下から聞こえてきたような気がする。

「やれやれ」

また、声がした。


気のせいか、わが家の白い犬がつぶやいている声がする。

私は聞き耳頭巾を気取って、耳をこらした。

「私には散歩しか楽しみがないが、ご主人さまには、その楽しみさえない」

（ご主人さまって俺のこと……？）

「散歩さえ楽しめないなんて、本当につまらない生き方……」

私には、「つまらない」という言葉がヤケに刺さった。

その言葉は、私が犬に向かって放った言葉だ。


声は続いた。

「死んだらどうなるのだろうと、ずっと思っていた……」

（ん？）

「この世では死んだら三途の川を渡って『あの世』へ行くと言い伝えられている。しかし、あの世では逆だ。死んだら、最初に閻魔さまのところへ行って、その後で三途の川を渡って『この世』というところへ行くと聞いていた」

（この世？　あの世？　これって、この犬がしゃべってるの？？？）

「この世へ行ったら、そこで白い犬になって、その次は人間になると聞いていた」

（ん？　どういうこと？？　まさか、この犬はあの世からこの世に来たのか？？？）

「それにしても、これが『この世』という死後の世界か。だとしたら、意外とつまらない。

その上、白い犬は、来世は人間に生まれ変わらなければならない宿命にある……。ああ何という無間《むげん》地獄だろう。早くあの世に戻りたい」

西の空を真っ赤な夕日が染めていく。

犬には見えない真っ赤な空だ。

犬は私を見上げると、何やら口をパクパクさせた。

そして、その声だけは、はっきりと私の耳に届いたのだ。

「人間になるのが宿命とはいえ、せめて、この飼い主のようなつまらない者にだけは、なりませんように……」


（編集部注）

本書のまえがきは、著者多忙のため、著者に代わって飼い犬のチャミさんに執筆いただきました。記して謝意を表します。

本書は、本文庫のために書き下ろされたものです。

散歩《さんぽ》が楽《たの》しくなる
身近《みぢか》な草花《くさばな》のふしぎ

著者　稲垣栄洋（いながき・ひでひろ）
発行者　押鐘太陽
発行所　株式会社三笠書房
〒102-0072 東京都千代田区飯田橋3-3-1
電話　03-5226-5734（営業部）03-5226-5731（編集部）
https://www.mikasashobo.co.jp
印刷　誠宏印刷
製本　ナショナル製本

 ISBN978-4-8379-3083-9 C0145

王様文庫

王様文庫

いちいち気にしない心が手に入る本

内藤誼人

対人心理学のスペシャリストが教える「何があっても受け流せる」心理学。◎「マイナスの感情」をはびこらせない　◎〝胸を張る〟だけで、こんなに変わる　◎「自分だって捨てたもんじゃない」と思うコツ……etc.「心を変える」方法をマスターできる本！

夜、眠る前に読むと心が「ほっ」とする50の物語

西沢泰生

「幸せになる人」は、「幸せになる話」を知っている。○看護師さんの優しい気づかい○アガりまくった男を救ったひと言　○お父さんの「勇気あるノー」○人が一番「カッコいい」瞬間……〝大切なこと〟を思い出させてくれる50のストーリー。

気くばりがうまい人のものの言い方

山﨑武也

「ちょっとした言葉の違い」を人は敏感に感じとる。だから……　◎自分のことは「過小評価」、相手のことは「過大評価」　◎「ためになる話」に「ほっとする話」をブレンドする　◎「なるほど」と「さすが」の大きな役割　◎「ノーコメント」でさえ心の中がわかる

K30658

王様文庫

「運のいい人」は手放すのがうまい

大木ゆきの

こだわりを上手に手放してスパーンと開運していくコツを「宇宙におまかせナビゲーター」が伝授！　◎心がときめいた瞬間、宇宙から幸運が流れ込む　◎「思い切って動く」とエネルギーが好循環……心から楽しいことをするだけで、想像以上のミラクルがやってくる！

眠れないほどおもしろい「日本の仏さま」

並木伸一郎

仏の世界は、摩訶不思議！　◆人はなぜ「秘仏」に惹かれるのか　◆霊能力がついてしまう「真言」とは？　◆なぜ菩薩は、如来と違ってオシャレなのか……etc.　空海、日蓮、役行者など仏教界のスター列伝から仏像の種類、真言まで、仏教が驚くほどわかるようになる本。

眠れないほどおもしろい紫式部日記

板野博行

「あはれの天才」が記した平安王朝宮仕えレポート！　◎『源氏物語』の作者として後宮にスカウト！　◎出産記録係に任命も彰子様は超難産!?　◎ありあまる文才・走りすぎる筆で女房批評！…ミニ知識・マンガも満載で、紫式部の生きた時代があざやかに見えてくる！

K30659